U0163540

固体与表面

扩展结构键合的化学家之见

SOLIDS and SURFACES

A Chemist's View of Bonding in Extended Structures

〔美〕 罗尔德·霍夫曼 著

黄 博 谭 喆 许堡荣 译

Roald Hoffmann

西安交通大学出版社
XI'AN JIAOTONG UNIVERSITY PRESS

国家 一 级 出 版 社
全国百佳图书出版单位

Title: Solids and Surfaces: A Chemist's View of Bonding in Extended Structures, by Roald Hoffmann, originally published as ISBN 0-89573-709-4. Published simultaneously in Canada.

陕西省版权局著作权合同登记号 25-2020-090 号

图书在版编目(CIP)数据

固体与表面:扩展结构键合的化学家之见/(美)罗尔德·霍夫曼(Roald Hoffmann)著;黄博,谭喆,许堡荣译.—西安:西安交通大学出版社,2021.5(2023.1 重印)
书名原文:Solids and Surfaces:A Chemist's View of Bonding in Extended Structures
ISBN 978-7-5605-9696-9

Ⅰ.①固… Ⅱ.①罗… ②黄… ③谭… ④许… Ⅲ.①表面化学—固体力学 Ⅳ.①O647.1

中国版本图书馆 CIP 数据核字(2020)第 224039 号

书　　名	固体与表面:扩展结构键合的化学家之见	
著　　者	[美]罗尔德·霍夫曼	
译　　者	黄　博　谭　喆　许堡荣	
责任编辑	王　欣	
责任校对	王　娜	
出版发行	西安交通大学出版社	
	(西安市兴庆南路 1 号　邮政编码 710048)	
网　　址	http://www.xjtupress.com	
电　　话	(029)82668357　82667874(市场营销中心)	
	(029)82668315(总编办)	
传　　真	(029)82668280	
印　　刷	西安五星印刷有限公司	
开　　本	890mm×1240mm　1/32　印张　5.25　字数　160 千字	
版次印次	2021 年 5 月第 1 版　　2023 年 1 月第 2 次印刷	
书　　号	ISBN 978-7-5605-9696-9	
定　　价	99.00 元	

如发现印装质量问题,请与本社市场营销中心联系。
订购热线:(029)82665248　(029)82667874
投稿热线:(029)82664954
读者信箱:1410465857@qq.com

版权所有　侵权必究

译者序

　　能源与环境问题是 21 世纪以来人类面临的主要挑战，开发多种策略应对能源高效转化、新能源开发与环境污染处理已成为前沿的科学技术问题。为了更有效地解决上述问题，研究者和工程技术人员需借助一系列前沿学科的研究基础，其中一些来自于表面科学与固体物理与化学的相关研究。本书是系统介绍固体与表面若干核心科学问题的基础入门书籍，适合高等学校化学、化工、材料、环境、新能源等专业及与上述学科有交集的相关学科专业作为研究生课程、高年级本科课程参考教材及研究者参考用书使用。

　　本书的前半部分内容从最简单的 H 原子链的最简单模型开始，到分子轨道，演变出能带结构，再到态密度，系统地讲述了通过化学家熟悉的内容和视角如何过渡到属于物理学范畴的内容，再将这套理论体系应用于阐释一些简单的分子在表面的吸附过程。上述内容的翻译主要由谭喆完成。后半部分则通过一些稍微复杂体系中的具体举例，讲述了分子轨道与固体能带相互作用对于理解表面物种化学吸附的作用，以及体系的稳定性问题、固体结构变化与吸附位点变化，例如 Peierls 畸变、费米能级问题等，这些对于化学家理解上述问题的本质都有着不同寻常的价值。此部分内容的翻译主要由许堡荣完成。对于整体翻译内容的质量把控、多个版本的后期整理修订等工作主要由黄博完成。

　　关于翻译这本书的初衷，来自于译者在博士、博士后期间多次与课题组各位老师聚会时的闲谈，苦于国内化学和物理学科一直处于分离状态，少有教材能够将两个学科有机地结合起来，以培养化学家的物理思维。这方面国外比较优秀的教材有两本，其一是本书，另一本是 P. A. Cox 的 *The Electronic Structure and Chemistry of Solids*。通过译者在博士期间反复的组会学习的切身体验，发现这些内容对原创性科研思维方式的培养较有帮助。多次在轻松的氛围下与 M. Maesato、Y. Yoshida、M. Hayashi、H. Kitagawa 等老师和同事们的深入交流中，他们强烈建议译者自己编写该方向的中文书籍，来填补国内该领域的空白。但由于译者目前能力有限，现在最有效的方法还是直接把国外经典教材翻译成中文引进国内。

本书的出版是在多方的大力支持和帮助下完成的，没有他们全心全意的扶持，我们很难在如此短的时间内顺利完成工作。首先，需要感谢的是西安交通大学研究生院龙建纲教授及各位老师对我们的支持，为我们通过引进国外优秀教材来进行研究生课程升级提供了极大的信心和物质支持。其次，要感谢西安交通大学化工学院魏进家教授、方涛教授、杨贵东教授、李云教授、沈人杰副教授、周婷、蔡元汉、韩二静等各位老师的支持，本书从计划翻译阶段开始一直到出版整个流程都得到了学院的全力协助和帮扶，这也为我们通过教材更新提升课程内涵、最终建设成为国际一流课程指明了方向。此外，感谢翻译后期参与校对工作的杨贵东教授课题组的学生曹丹、任晓玲，在她们的努力付出下书本得到了进一步的完善。最后，我们郑重地感谢西安交通大学出版社的各位领导、王欣编辑、侯靖等工作人员们的辛勤付出，从前期的版权沟通、立项、经费申请指导、文字修订、作图、排版、出版、推广等各个环节为我们提供了非常专业和细致的服务，使我们可以专注于翻译工作本身。

最后，由于译者水平和能力有限，对于霍夫曼先生深邃的思想还远未完全理解，因此在翻译中间难免有不妥之处，还望各位专家学者指正。

全体译者

2020 年 4 月于兴庆宫

译者简介

黄博，男，1988 年生于陕西富平。2010 年本科毕业于湖南大学化学系分析化学专业(李达实验班)，2013 年获广岛大学物理与有机化学专业硕士学位，2017 年获京都大学固体物理化学专业博士学位。现为西安交通大学化学工程与技术学院副教授。研究领域：固体物性化学、多相催化。

献给
Earl Muetterties
与
Mike Sienko

前言和致谢

本书内容曾以两篇文章发表在 *Angewandte Chemie* 和 *Reviews of Modern Physics* 上,感谢该期刊的编辑给予我的鼓励和帮助。在朋友 M. V. Basilevsky 的建议下我以这些文章为基础撰写了此书。

我的研究生、博士后同事和来到组里的资深访问学者们不仅教会我固体物理学的知识,而且承担了算法和计算机程序方面的工作,从而使这项工作得以实现。虽然与计算相比我通常更倾向于阐述,但如果没有这些计算,这项研究会变得难以理解。早期为我们的工作做出贡献的是 Chien-Chuen Wan,但计算和推导的真正进展主要依赖于 Myung-Hwan Whangbo、Charles Wilker、Miklos Kertesz、Tim Hughbanks、Sunil Wijeyesekera 和 Chong Zheng 的工作。本书很大程度上是他们创造性和毅力的集中体现。其中几个关键的思想借鉴了 Jeremy Burdett 早期提出的观点,例如使用特殊的 k 点集来研究性能。

在 Al Anderson 的帮助下,我开始考虑将扩展 Hückel 计算应用于表面问题。另外,我与 Jean-Yves Saillard 一起探讨学习,并且从他所做的对分子和表面 C－H 键活化的研究中获得启发,将能带耦合方法应用于对交互图和前沿轨道的研究中。随后,与 Jérome Silvestre 的合作也对本书中诸多观点的提出大有助益。同时,Christian Minot、Dennis Underwood、Shen-shu Sung、Georges Trinquier、Santiago Alvarez、

· 1 ·

Joel Bernstein、Yitzhak Apeloig、Daniel Zeroka、Douglas Keszler、William Bleam、Ralph Wheeler、MarjaZonnevylle、Susan Jansen、Wolfgang Tremel、Dragan Vučković和 Jing Li 也做出了重要贡献。

最初，开展这项工作的一个重要因素是和 R. B. Woodward 的再次合作及我们对有机导体的共同兴趣。不幸的是，1979 年由于他的去世我们的合作中断了。此外，我非常感谢 Thor Rhodin 和他的学生，他们让我接触到了大量的表面化学和物理学知识。一直以来，与 John Wilkins 的探讨也使我深受启发。

多年来，本人的研究得到了美国国家科学基金会化学分会（National Science Foundation's Chemistry Division）持续坚定的支持。在此，特别感谢 Bill Cramer 和他的同事们一直以来对我的支持。受国家基金会材料研究分会支持的康奈尔大学材料科学中心（Materials Science Center, MSC）对本人课题组关于扩展结构研究的顺利开展起到了举足轻重的作用。MSC 提供了一个跨学科的环境，促进了表面科学和固体领域研究人员之间的交流，对于引导新手承担该领域的重要工作是非常有效的。感谢 MSC 的主任们——Robert E. Hughes、Herbert H. Johnson 和 Robert H. Silsbee 为搭建多学科融合的互助平台所做出的贡献。在过去的五年中，我与表面有关的研究以与 John Wilkins 的合作的形式得到了海军研究办公室的大力支持。

康奈尔大学学科交互性强的重要原因是它有一座拥有大量化学和物理学领域资料的物理科学图书馆。感谢 Ellen Thomas 和其他工作人员对此项研究的贡献。多年来，作为研究呈现方式的重要部分，绘图的工作是由 Jane Jorgensen 和 Elisabeth Fields 精心完成的。我还要感谢承担打字和秘书工作的 Eleanor Stagg、Linda Kapitany 和 Lorraine Seager。

该手稿是在我担任瑞典自然科学研究理事会（NFR）、瑞典科学研究委员会（Swedish Science Research Council）的Tage Erlander 讲座教授期间所写。非常感谢斯德哥尔摩大学理论物理研究所的 Per Siegbahn 教授和工作人员们，以及隆德工业大学无机化学系的 Sten Andersson 教授及其同事的热情款待。

最后，这本书要献给我在康奈尔大学期间的两位同事。他们已离开了我们。Earl Muetterties 将我引入无机和有机金属化学领域，我们对表面科学的兴趣在共同探讨中不断提高。Mike Sienko 和他的学生向我们展示了他们所研究的有趣结构，对我们是很大的鼓励。Mike 还向我传授了一些关于研究与教学之间关系的知识。我要将这本书献给他们——对我来说无比重要和亲密的 Earl Muetterties 和 Mike Sienko。

目　录

引　　言

生物/天然或合成的具有一维、二维和三维结构的大分子遍布我们周围的世界。金属、合金和复合材料，无论是铜、青铜还是陶瓷，都在形成人类文明的过程中起着举足轻重的作用；矿物结构形成涂料的基础，而涂料为我们的墙壁和用以观看外部世界的玻璃增添了色彩；天然或合成有机聚合物是制作我们的衣物的重要材料；新型材料，如无机超导体和导电有机聚合物，展现出不同寻常的电、磁特性，将深刻影响未来科技的发展。固体化学是重要的、充满活力的，并且正在不断发展[1]。

表面科学也是如此。金属、离子、共价固体或半导体的表面，是拥有自身化学性质的物质形式。在结构和反应性上，在如块体、气相中的游离分子以及溶液中的多种聚集态等其他物质形式中，表面既显示出相似性，又各有差异。正如发现它们的相似之处很重要一样，它们之间的差异也不容忽视。相似之处将表面化学与化学的其余部分联系起来，而差异使生活变得更有趣（并使表面具有经济价值）。

实验表面科学是化学、物理学和工程学的汇聚点[2]。新的光谱技术为我们提供了很多有关原子和分子与表面相互作用的信息，尽管有时信息比较零碎。这些方法可能来源于物理学，但研究的却是化学问题，例如，表面本身的结构和反应性是怎样的？吸附分子表面的结构和反应性又是怎样的？

在多相催化中，金属和氧化物表面明显表现出的特殊作用极大地促进了当前表面化学和物理学的发展。众所周知，化学反应是在表面发生的，但是直到今天我们才发现多相催化的基本机理步骤。这是一个令人激动的时刻，能够精确了解 Döbereiner 灯和 Haber 工艺是如何运作的，是多么美妙！

众多新型固态材料中，最让人感兴趣的是它们的电、磁特性。化学家必须学会测量上述特性，而不仅仅是制造新的材料和确定它们的结构。今天在高温超导方面取得可喜进展的化合物的开发历程，充分说明了这一点。化学家必须能够合理推断所合成化合物的电子结构，以便理解这些性质和结构该如何调整。同理，研究表面就必须涉及具有扩展结构的物质的电子结构的相关知识。这就引出了一个问题，即学习处理这些问题所必需的语汇(也就是通常不属于化学工作者教育范畴的、固体物理学和能带理论的语汇)。因此,这本书的首要目标是向化学工作者讲解这种语言。我将证明,这不仅简单,而且在许多方面都包含了化学工作者非常熟悉的分子轨道理论引出的概念。

我猜物理学家不认为化学家能教给他们多少关于固体中键合的知识。我不同意这一点。化学家建立了以简单的共价键或离子键去理解固体和表面结构的、意义重大的直观语言。化学家的观点通常是定域的。化学家特别擅长研究化学键或原子簇,并且相关的文献和记载非常完善,因此可以立即联想到与正在研究的化合物相关的一百种结构或分子。化学家从经验和一些简单的理论中获得了大量的关于"什么样的分子、怎样和为什么结合在一起"的直观知识。事实上,尽管物理学家朋友们有时比我们更了解如何计算分子或固体的电子结构,但从认识论意义上的复杂性来解释时,他们常常不如我们那样理解"理解"这个词包含的意思。

化学家根本没必要带着自卑感与物理学家进行交谈。分子化学的经验对于解释复杂的电子结构非常有用。(另一个无需自卑的理由是,在你合成该分子之前,没有人可以研究其性质,合成化学家处于绝对控制地位!)这并不是说,可以轻而易举地消除物理学家关于化学家有能力传授他们键合知识的怀疑。我在这里要重点提及的是物理学界对化学和化学思维方式表现出极其敏感的几位同事及其工作,他们是:Jacques Friedel、Walter A. Harrison、Volker Heine、James C. Phillips、Ole Krogh Andersen 和 David Bullett,他们尝试着在化学和物理学之间架起桥梁,他们的论文都非常值得阅读。

在开始之前,我还有一点需要说明。另一个重要的交叉区域是在固体化学(通常是无机化学)与分子化学(包括有机和无机化学)之间。除了一个例外,固体化学家常用的理论概念并不是"分子"。冒着过于简化的风险,我们可以认为这些概念中最重要的是离子的存在(静电力,Madelung 能量)和离子具有一定大小(离子半径,堆积理论)。即使是共价性显著的场合,这种简化概念也已经被固体化学家采用。这一概念是可行的,并且能够解释结构和性质。它可能会出现什么问题吗? 错误的或者可能错误的是这些概念的应用可能会使那些科学家及其研究领域脱离化学的核心。毫无疑问,化学的核心是分子! 我个人认为,如果在固体化学的解释中做出一个选择,人们应当选择一种

3

允许现有结构与某些离散的有机或无机分子之间建立联系的解释。建立联系具有内在的科学价值，也具有"策略"上的意义。我再次毫不客气地说，许多固体化学家因为选择了忽视材料内部的化学键，从而使自己处于孤立境地（难怪从事有机或无机化学研究的同行对他们的工作不感兴趣）。

当然，奇特而有用的"Zintl"概念对我来说是个例外[3]。由 Zintl 提出并由 Klemm、Busmann、Herbert Schäfer 等人推广的简单概念是，在化合物 A_xB_y 中，相对于主族元素 B，元素 A 具有更强的电正性，因此可认为，A 原子将电子传递给 B 原子，然后利用它们成键。我认为，这个非常简单的想法是 20 世纪固体化学中一个最重要的理论概念（尽管理论性并不强！）。这个概念之所以很重要，不仅因为它解释了众多的化学原理，还因为它在固体化学与有机化学或主族元素化学之间建立了联系。

在本书中，我将教化学家一些能带理论的语汇，尽可能多地将其与考虑化学键的传统方式联系起来。特别是我们将找到并描述一些研究工具——态密度及其分解、晶体轨道重叠布居，这些工具可以研究从固体高度离域的分子轨道移回到定域的化学作用。方法很简单，确实，有些部分过度简化了。这部分列出的详细计算结果来自扩展 Hückel 法[4]或其固态类似物，即考虑重叠的紧束缚法。我将尽力展示如何将前线轨道和相互作用图解应用于固体或表面上的键合。这与分子有类似效应，但也存在一些差异。

一维尺度上的轨道和能带

小型、简单、一维无限长的体系通常更容易处理，也特别容易被直观地想象。二维和三维固体的许多物理性质都呈现在一维中。让我们从等间距的氢原子链（图 1）、或非键交替的离域多烯烃的同构 π 体系（图 2）开始。然后我们将继续讨论 Pt(Ⅱ)平面四方配合物（图 3）、$Pt(CN)_4^{2-}$ 或模型 PtH_4^{2-} 的堆叠。

这里插一句题外话：每个化学家都会想象"氢原子链模型如果从其理论构造的束缚中挣脱出来会如何变化"。在大气压力下，它将形成一个氢分子链（图 4）。物理学家将通过计算等间距聚合物的能带来分析这种简单的键形成过程（我们稍后将进行分析），然后会观察到它的不稳定性,即所谓的 Peierls 畸变。上述特征也称为强电子-声子耦合、配对畸变或 $2k_F$ 不稳定性。物理学家得出的结论是,最初等间距的氢原子聚合物将形成氢分子链。我在这里提到这个思考过程是为了证明我将在本书中反复提到的一点——化学家的直觉非常出色。但是,我们必须与姐妹科学的语言建立一致。顺便说一下,在 2 Mbar(1 bar=10^5 Pa)下是否会发生图 4 中的畸变仍是一个悬而未决的问题①。

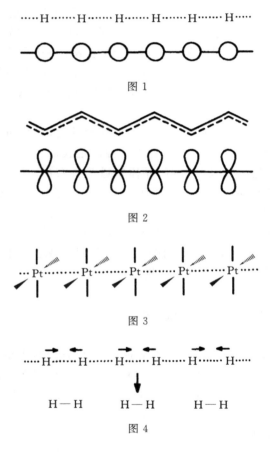

图 1

图 2

图 3

图 4

①译者注:在 4.95 Mbar 的高压和低温下,氢分子将转变为固态金属氢,即出现图 1 中的情况。详见 Dias et al. *Science* 2017,355,715。另外,土星、木星等大质量星体内部的氢在高温高压作用下呈液相金属态。

让我们回到等距的氢原子链。事实证明,将该链视为一个巨环中的几乎不弯曲的一段(这称为施加循环边界条件)在计算上很方便。如图 5 所示,中等尺寸的环在形成非常大的环的过程中的轨道是我们熟知的。对于氢分子(或乙烯),成键的 $\sigma_g(\pi)$ 轨道位于反键轨道 $\sigma_u^*(\pi^*)$ 的下方;对于环状 H_3 或环丙烯基,两个简并轨道的下面有一个成键轨道;对于环丁二烯,一个成键轨道低于两个简并轨道,这两个简并轨道又低于一个反键轨道,依此类推。除最低的(有时是最高的)能级外,轨道都以简并对出现。轨道能量随波节数目的增加而增加。我们预测无限长的聚合物具有相同的效果——最低能级无波节,最高能级波节最多,中间各能级的轨道成对出现,并且波节的数目会逐渐增多。化学家对聚合物能带的表示如图 5 右侧所示。

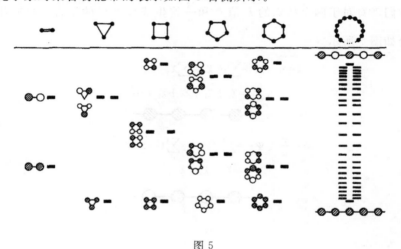

图 5

Bloch 函数、k、能带结构

表示这些轨道的更好的方法是利用平移对称性将其写出。我们假设一个点阵,并按序 $n=0,1,2,3,4,\cdots$ 标记,如图 6 所示,在每个点阵点上都有一个基函数(一个 H 1s 轨道),如 χ_0、χ_1、χ_2、$\cdots$。图 6 中还给出了适当的对称性匹配线性组合(记住,此处的平移和我们所知道的其他对称操作一样,是很好的对称操作)。图中,a 是点阵间距,即一维晶胞常数;k 是一个用于标记平移群 Ψ 变换的不可约表示的指标。稍后我们将看到 k 有更多的意义，但这里 k 只是不可约表示的指标，就像 C_5 中的 a、e_1、e_2 一样。

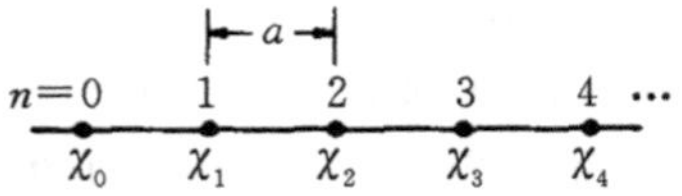

$$\Psi_k = \sum_n e^{ikna} \chi_n$$

图 6

在固体物理学中，对称性匹配的过程称为"形成 Bloch 函数"[6.8-11]。为了使化学家确信可以从图 6 中得到相应的 Bloch 函数，我们来看对于两个特殊的 k 值 0 和 $\frac{\pi}{a}$ 将生成什么样的组合。这些组合如图 7 所示。

$$k=0 \quad \Psi_0 = \sum_n e^0 \chi_n = \sum_n \chi_n$$
$$= \chi_0 + \chi_1 + \chi_2 + \chi_3 + \cdots$$

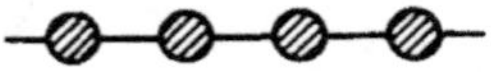

$$k=\frac{\pi}{a} \quad \Psi_{\frac{\pi}{a}} = \sum_n e^{\pi i n} \chi_n = \sum_n (-1)^n \chi_n$$
$$= \chi_0 - \chi_1 + \chi_2 - \chi_3 + \cdots$$

图 7

参照图 5，我们可以看到，对应于 $k=0$ 的波函数是键合最大的一个，对应于 $k=\frac{\pi}{a}$ 的波函数位于能带的顶部。对于其他 k 值，我们可得到对该能带中的其他能级的简洁描述。因此，k 也可表示波节数。k 的绝对值越大，波函数中具有的波节越多。但应注意，k 是有范围的，如果超出这个范围，就不会获得新的波函数，而是会重复原有的波函数。在区间 $-\frac{\pi}{a} \leqslant k \leqslant \frac{\pi}{a}$ 或 $|k| \leqslant \frac{\pi}{a}$ 中，k 为单值。这个区间称为布里渊区，即单值 k 的范围。

在第一布里渊区中 k 有多少个值呢？k 的数目与晶体中的平移

7

数一样多,或者换句话说,与宏观晶体中的微观晶胞数目一样多,所以
k 近似于阿伏伽德罗数。每个 k 值都有一个能级,实际上,一对正负 k
值对应一个简并能级对,由 $E(k)=E(-k)$ 很容易证明。大多数情况
下,$E(k)$ 的表示没有给出 $E(-k)$,而是对 $E(|k|)$ 作图并将其标记为
$E(k)$。同样,k 的允许值在 k 的空间(称为倒易空间,或动量空间)中
等距分布。$k=\dfrac{2\pi}{\lambda}$ 与动量之间的关系源自德布罗意波长公式 $\lambda=h/p$。
显然,k 不仅是对称性标记和波节数,还是波矢,因此可以测量动量。

我们可把化学家在图 5 中绘制的能带重绘如图 8 中的左侧(化学
家为了简便,绘制约 35 条线或一个方框来代替阿伏伽德罗数条线),
而物理学家则会选择绘制图 8 右侧的 $E(k)-k$ 曲线图。由于 k 是量
子化的,所以在图 8 右侧图中存在有限但数量众多的能级,它看起来
连续是因为精密的点阵打印机将阿伏伽德罗数个点致密地打印出来
了,所以我们看到的是一条线。

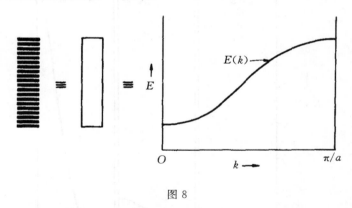

图 8

$E(k)$ 与 k 的关系图称为能带结构图。可以肯定的是,一般的能带
结构比这种简单的图复杂得多。但无论多么复杂,它们仍然可被理解。

能带宽度

能带的一个非常重要的特征是它的分散度或带宽,即能带中最高
能级和最低能级之间的能量差。什么决定了能带的宽度? 它与决定
二聚体(乙烯或 H_2)中能级分裂的因素是一样的,即相互作用的轨道
之间的重叠(在聚合物中,重叠是指相邻晶胞的轨道之间的重叠)。相

8

邻轨道之间的重叠越大,带宽越大。图 1* 详细说明了间距为 3、2、1 Å 的氢原子链的能带结构。能带围绕其"原点"(即在 -13.6 eV 处自由氢原子的能量)不对称地展开,是计算中包含轨道重叠的结果。对于二聚体的两个能级:

$$E_{\pm} = \frac{H_{AA} \pm H_{AB}}{1 \pm S_{AB}}$$

成键组合的 E_+ 的稳定化程度小于反键组合的 E_- 的去稳定化程度。这在化学中有不寻常的意义,因为它是单电子理论中四电子排斥效应(four-electron repulsion effect[①])和立体效应的来源[11]。图 1* 中能带"向上伸展"就是因为类似效应。

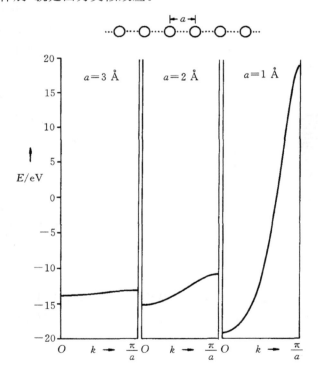

图 1*　间距分别为 3、2、1 Å 的氢原子链的能带结构
（一个孤立氢原子的能量为 -13.6 eV）

---

①译者注:例如 H_2O 分子中 O 原子两对孤对电子的相互排斥。

能带如何伸展

能带的另一个有趣特征是它们如何"伸展"。图 6 中巧妙的数学公式通常都适用,但它没有给出相对于边缘区域($k=\dfrac{\pi}{a}$)在区域中心($k=0$)的轨道能量。对于氢原子链,显然有 $E(k=0)<E(k=\dfrac{\pi}{a})$,但是对于图 9 中的 p 轨道链就并非如此。按平移对称性做出与氢原子链相同的组合,但显然 $k=0$ 时具有高的能量,这是形成 p 轨道链的最强的反键组合方式。

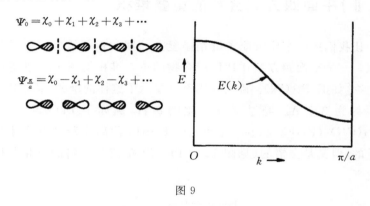

图 9

氢原子链的 s 轨道能带"向上伸展",p 轨道能带"向下伸展"(从中心区域到边缘区域)。一般来说,是轨道相互作用的拓扑结构决定了能带伸展的方式。

在这里提及一种有机类似物,可以帮助我们理解这个观点。想象图 10 和图 11 中的三个 π 键贯穿空间的相互作用。每个分子的三重对称性表明,在 π 键之间一定存在一个 a 键和 e 键的组合[1]。群表示理论为我们提供了适合的对称线性组合:对于 a 键是 $\chi_1+\chi_2+\chi_3$;对于 e 键(无穷多选择中的一种)是 $\chi_1-2\chi_2+\chi_3$、$\chi_1-\chi_3$,其中 χ_1 是双键 1 的 π 轨道,依此类推。但是群论没有告诉我们 a 键的能量是否低

---

[1]译者注:a 与 e 详见群论中的特征表(character table)。

于 e 键，因此需要学习化学或物理学知识。由轨道拓扑判定很容易得出结论，在图 10 中 a 键的能量低于 e 键，在图 11 中则相反。

图 10   图 11

总之，带宽由晶胞间的重叠决定，而能带的伸展则由该重叠的拓扑性质决定。

Pt(Ⅱ)平面四方配合物的重叠堆积

让我们用一个比氢原子链稍微复杂一些的例子检验一下学到的知识。一个平面四方型 $d^8 PtL_4$ 配合物的重叠堆积见图 12。普通的铂氰化物[如 $K_2Pt(CN)_4$]确实在固态下显示了这样的堆积，其中 $Pt\cdots Pt$ 间距约为 3.3 Å。经过部分氧化的材料，例如 $K_2Pt(CN)_4Cl_{0.3}$ 和 $K_2Pt(CN)_4(FHF)_{0.25}$，在一个更短的 $Pt\cdots Pt$ 距离 2.7~3.0 Å 下也是堆叠的，但又是交错的（见图 13）。Pt-Pt 距离与材料的氧化程度成反比[12]。

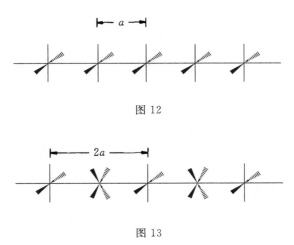

图 12

图 13

对理解的真正考验是预测。因此，我们不进行计算，尝试用现有的基本原理来预测一下图 12 和 13 的近似能带结构。不必担心配体的性质,通常的配体是 CN^-,但是由于平面四方构型是必不可少的,故我们把它想象成一个理想的通用配体 H^-。我们从图 12 开始,因为它的晶胞是一个化学单元 PtL_4,而图 13 的晶胞 $(PtL_4)_2$ 是双倍的。

这类问题总是始于单体。单体的前线轨道的能级是什么?平面四方配合物的经典晶体场或分子轨道图(图 2*)显示出 d 区的"四下一上"的分裂[11]。对于 16 个电子的配合物,电子占据了 z^2、xz、yz 和 xy,而 x^2-y^2 则空着。金属 z 轨道与配位场非稳定的 x^2-y^2 轨道竞争,成为分子中的最低未占分子轨道(LUMO)。这两个轨道可以通过易懂的方式进行操纵:π 受体使 z 降低,π 供体使 z 升高。更好的 σ 供体会使 x^2-y^2 升高。

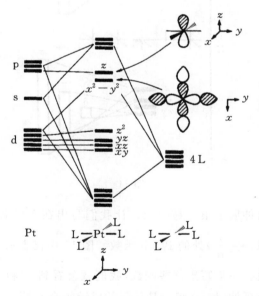

图 2* 平面四方 PtL_4 配合物前线分子轨道的演化

现在来形成聚合物。单体的每个分子轨道都生成一个能带。聚合物中具有相同对称性的轨道之间可能(将)有一些符合对称条件的进一步混合(例如,s、z 和 z^2 在单体中具有不同的对称性,但在某些聚合物分子轨道中具有相同的对称性)。然而在开始时最好忽略二次混合,考虑每个单体能级仅单独产生一个能带。

首先,化学家对将要形成的带宽的判断是:从 z^2 和 z 产生的能带将是宽的,从 xz、yz 产生的能带是中等宽度的,从 x^2-y^2、xy 产生的能带是窄的,如图 14 所示。该特征源自以下认识:第一组相互作用 (z, z^2) 为 σ 型,因此在晶胞之间具有较大的重叠,xz、yz 组具有中等的 π 型重叠,xy 和 x^2-y^2 轨道(后者具有配体混合物,但不会改变其对称性)为 δ 型。

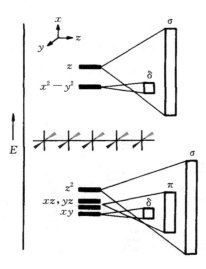

图 14

能带如何伸展也很容易明白。让我们写出在布里渊区中心($k=0$)和区域边缘($k=\dfrac{\pi}{a}$)处的 Bloch 函数。图 15 中仅表示了其中一个 π 函数和 δ 函数。一旦写出这些函数,我们就会看到 z^2 和 xy 能带将从区域中心向上延伸($k=0$ 组合是最强的成键组合),而 z 和 xz 能带将向下伸展($k=0$ 组合是最强的反键组合)。

结合带宽和轨道拓扑的因素考虑,预测的能带结构如图 16 所示。若要进行真实的估计,需要对各种重叠进行实际计算,而这些重叠反过来又取决于 Pt⋯Pt 的分离程度。

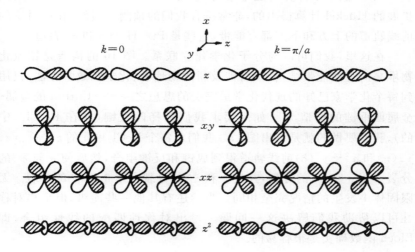

图 15

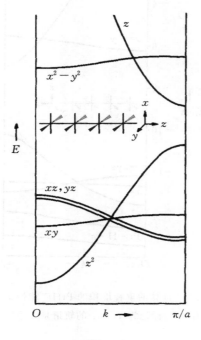

图 16

　　图 3* 显示了计算的能带结构，它是 Pt–Pt 距离为 3.0 Å 时通过扩展的 Hückel 计算得出的，非常符合我们的预测。当然，在所讨论的前线轨道的上方和下方都有能带，这些是 Pt–H 的 σ 和 σ* 轨道。

　　在这里，我们可以与分子化学建立联系。图 16 的构造是铂氰化物堆叠的近似能带结构，没有涉及新的物理学、化学和数学方法，仅用到每个化学家已知的现代化学最完美的思想之一——Cotton 的金属-金属四重键的构造[13]。如果要求我们解释四重键（如在 $Re_2Cl_8^{2-}$ 中的），我们要做的就是画出图 17。我们从每个 $ReCl_4$ 单元的 $z^2(\sigma)$、xz、$yz(\pi)$ 和 $x^2-y^2(\delta)$ 前线轨道得到成键和反键组合，然后使 σ 与 σ* 的分裂大于 π 和 π* 的分裂，并使 π 和 π* 的分裂大于 δ 和 δ* 的分裂。无限固体中发生的情况完全相同。当然还有其他一些能级，但平移对称性可以帮助我们解决这一问题。写出对称性匹配的线性组合，即 Bloch 函数确实是很容易的。

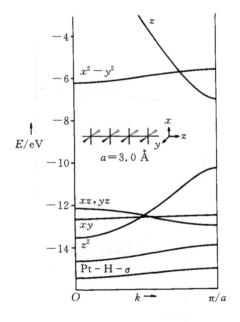

图 3*　计算的重叠堆积的 PtH_4^{2-} 能带结构

（间隔为 3 Å, 标记为 xz、yz 的轨道是二重简并的）

费米能级

知道一个分子中有多少电子是很重要的。Fe(Ⅱ)与 Fe(Ⅲ)具有不同的化学性质,CR_3^+ 碳正离子不同于 CR_3 自由基和 CR_3^- 阴离子。对于具有典型四重键结构的 $Re_2Cl_8^{2-}$,Re 的价态为 Re(Ⅲ),d^4,即总共 8 个电子要放入二聚体能级的前线轨道(见图 17),它们填充了构成四重键的 σ、两个 π 和 δ 能级。那么图 12 中聚合物 $[PtH_4^{2-}]_\infty$ 情况如何?每个单体是 d^8。如果存在阿伏伽德罗数个晶胞,则每个键中将存在阿伏伽德罗数的能级。每个能级都能容纳两个电子,因此前四个能带,即 xy、xz、yz 和 z^2 带被填充。费米能级是最高占有分子轨道(HOMO),位于 z^2 能带的顶部。(严格来说,费米能级还有另一个热力学定义,适用于金属和半导体[9],但这里我们将费米能级简单等价于 HOMO。)

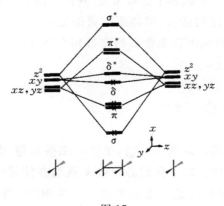

图 17

$[PtH_4^{2-}]_\infty$ 聚合物中的铂原子之间是否存在化学键?我们尚未对轨道或能带的成键性质进行正规描述,但是只要看一下图 15 和图 16 就会发现,由 z^2、xz、yz 或 xy 构成的每个能带的底部都是成键的,而顶部是反键的。完全填充一个能带,就像在二聚体中填充成键和反键轨道一样(考虑 He_2,并考虑 N_2、O_2、F_2、Ne_2 序列),不会提供净成键,实际上,它提供了净反键。那么为什么未氧化的 PtL_4 链会堆叠呢?这可能是由于范德华力,而不是我们在讨论的初级量子化学。我认为轨道相互作用也有贡献，即实际的成键涉及 z^2 和 z 能带的混合[14]。我们将很快回过头来讨论这一点。

能带结构很好地解释了为什么 Pt···Pt 间距在氧化时会减小。典型的氧化度是每个 Pt 失去 0.3 个电子[12]（这些电子必须来自 z^2 能带的顶部）。氧化程度指明该能带的 15% 为空的。腾空的状态无损于成键。它们是很强的 Pt−Pt σ 反键。因此，移除这些电子导致形成部分 Pt−Pt 键也就不足为奇了。

被氧化的材料在一个能带中也具有其费米能级，即在填充和空能级之间的带隙为零。未氧化的铂氰化物具有很大的带隙，因此它们是半导体或绝缘体。被氧化的铂氰化物是良好的低维导体，这是使物理学家对此感兴趣的重要原因[14]。

通常导电性不是一个可以简单解释的现象，因为可能存在多种阻止电子在材料中运动的机理[9]。拥有良好的电子导体的先决条件是要使费米能级与一个或多个能带相交（我们很快会使用态密度的语言来更准确地表述这句话）。但必须注意的是：①畸变会在费米能级处产生间隙；②费米能级和非常窄的能带相交将导致定域态，无法具有良好的导电性[9]。

更多维度，至少二维

大多数材料是二维或三维的，虽然一维很有趣，但我们最终必须上升至更高的维度。除了我们必须将 k 视为在倒易空间中具有分量的矢量，并且布里渊区是二维面积或三维体积[9,15]外，多维度的情况没有大的改变。

为了引入以上一些思想，让我们从由平移矢量 a_1 和 a_2 定义的、图 18 中的正方点阵开始。假设每个点阵点上都有一个 H 的 1s 轨道。事实证明，晶体中的薛定谔方程可沿 x 和 y 轴分解为单独的波动方程，每个波动方程相当于一个直链的一维方程。相应地有 k_x 和 k_y，其取值范围是 $0 \leqslant |k_x|、|k_y| \leqslant \dfrac{\pi}{a}$ $(a = |a_1| = |a_2|)$。一些典型的解如图 19 所示。

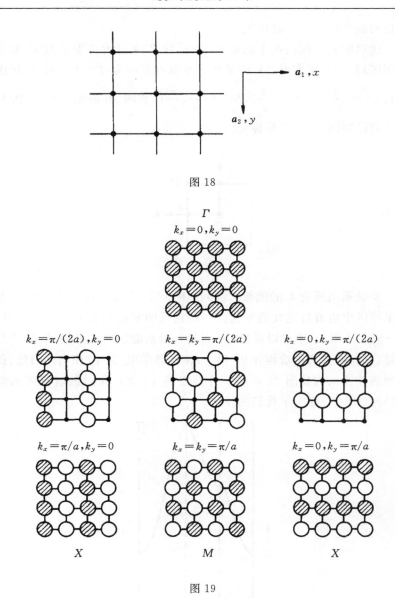

图 18

图 19

这些解的推导是显而易见的，这个过程也非常清楚地显示出 k 的矢量性质。我们来考察一下 $(k_x, k_y) = (\frac{\pi}{2a}, \frac{\pi}{2a})$ 和 $(\frac{\pi}{a}, \frac{\pi}{a})$ 的解。可以看到它们是沿 k_x 和 k_y 的矢量和的方向（即对角线方向）传播的波，波长与该矢量的大小成反比。

17   这里的 k 空间由两个向量 b_1 和 b_2 定义,k 的允许取值范围(即布里渊区)是一个正方形。k 的某些特殊值可表示为:$\Gamma = (0,0)$(区域中心),$X = (\frac{\pi}{a},0) = (0,\frac{\pi}{a})$,$M = (\frac{\pi}{a},\frac{\pi}{a})$,如图 20 所示。$\Gamma$、$X$ 和 M 的特解已如图 19 中这样标记。

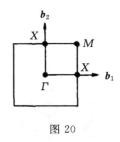

图 20

18   要展示出所有 k 的能级 $E(k)$ 是困难的。因此,通常要说明 E 在布里渊区中沿着特定线的变化。一些比较明显的线有 $\Gamma \to X$、$\Gamma \to M$、$X \to M$。从图 19 中可以看出,M 点具有最高能级的波函数,X 几乎是非键合的,因为它的成键作用(沿 y)和反键作用(沿 x)相当。因此,我们预测能带结构如图 21 所示。计算出的 $a = 2.0$ Å 时的氢点阵的能带结构(图 4*)证实了我们的预测。

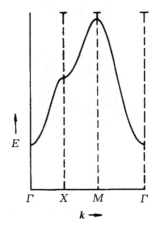

图 21

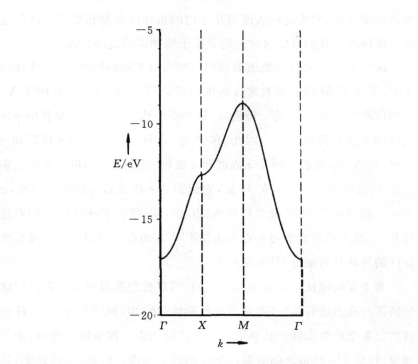

图 4* 氢原子正方形点阵的能带结构

(H - H 间距为 2.0 Å)

化学家预测"H 原子棋盘"会畸变为"H_2 分子棋盘"。(一个有趣的问题是有多少种不同的方式可以完成此过程。)

现在让我们在正方点阵上放置一些 p 轨道,垂直于晶格的方向作为 z。由于对称性,p_z 轨道将与 p_y 和 p_x 分开。对所有 k 值,点阵平面中的镜面对称仍然是良好的对称操作。$p_z(z)$ 轨道将产生与 s 轨道相似的能带结构,因为这些轨道相互作用的拓扑性质是相似的。这就是在一维情况下我们可以同时讨论氢原子链和多烯链的原因。

$p_x(x,y)$、$p_y(x,y)$ 轨道表现出一些略微不同的问题。图 22 显示了 Γ、X、Y 和 M 各自的对称性匹配的组合(Y 在对称性上等同于 X,区别仅在于是沿 x 还是 y 传播)。每个晶体轨道可以通过存在的 p、p 之间的 σ 或 π 键来表征。因此,在 Γ 处,x 和 y 的组合为 σ 反键和 π 成键;在 X 处,它们分别是 σ 成键和 π 成键(其中之一),以及 σ 反键和 π 反键(其中的另一个);在 M 处,它们都是 σ 成键和 π 反键。显然,x 和 y 的组合在 Γ 和 M 处是简并的(事实证明,沿着 $\Gamma \rightarrow M$ 线它们都是简并的,但为此需要学习一点群论知识[15]),而在 X 和 Y 处(以及布里渊区的其他任何地方)是非简并的。

基于 σ 成键比 π 成键更强的判断,可以按照能量对布里渊区的这些特殊对称点进行排序,并画出定性的能带结构,如图 5* 所示。任何真实能带结构的实际形状将取决于点阵的间距。接触距离越短,能带越发散;而 s、p 轨道之间的混合会增加其复杂性。但是,粗略地说,任何正方形晶格(例如 GdPS 中的 P 网格[16]、吸附在 Ni(100)上的 S 原子正方形覆盖层[17]、在 PbO 中的 O 和 Pb 网格[18] 或 $BaPdSi_3$ 中的 Si 层[19])都具有这些轨道。

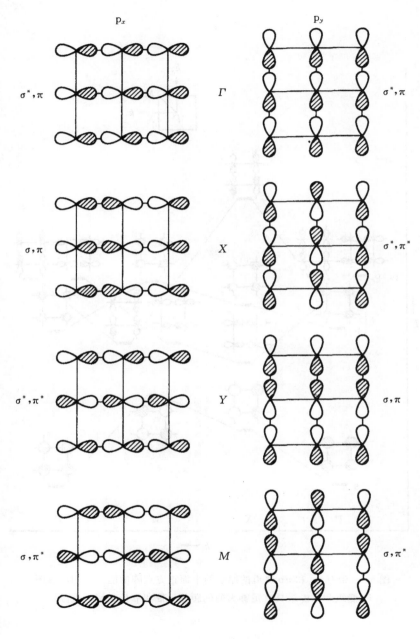

图 22

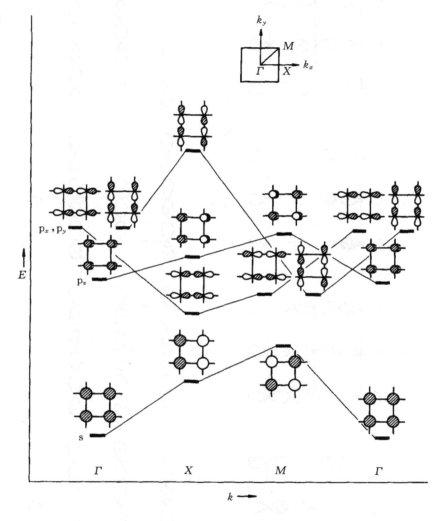

图 5* 带有 ns 和 np 轨道的原子的平面正方点阵的能带结构示意图
（s 能级和 p 能级具有足够大的间距使 s 带和 p 带之间不重叠）

提出表面问题

显然,是研究表面成键问题的需要促使我们继续探讨至少二维的体系。我们要研究的是如下这类问题:CO 如何化学吸附在 Ni 上,H_2 在金属表面如何解离,乙炔如何与 Pt(111)键合、然后重排为亚乙烯基或次乙基,表面碳化物或硫化物如何影响 CO 的化学性质,CH_3 和 CH_2 如何在铁表面结合、迁移和反应。首先,以稳态或亚稳态的中间体(即化学吸附物种)来了解结构和成键是合理的。然后,我们可以构建化学吸附物种在表面上运动的势能面,并最终进行反应。

在此处我使用的语言中隐藏了一个陷阱,即将运动阻力和反应能力赋予被化学吸附的分子,而不是赋予表面,认为表面是被动的、不变的。当然,事实并非如此。我们知道暴露的表面会重构,即在不饱和状态的驱动下对其结构进行调整[20]。在没有任何吸附物的情况下,表面本身会首先这样调整。在被吸附分子存在时,表面又会以不同的方式再次进行调整。重构程度在半导体和扩展分子中很大,而在分子晶体和金属中通常很小。重构程度也可能因晶面而异。接下来我们讨论的计算将涉及金属表面,这样一来,(我们希望)我们可以放心地假设最小程度的重构。然而,事实证明,即使在这些计算中,最终也会看到重构的迹象。

在这里可以说,重构不是表面独有的现象。20 世纪 70 年代,理论无机化学的最重要发展之一是 Wade[21a] 和 Mingos[21b] 提出的一组骨架电子对计数规则。这些规则合理解释了硼烷和相关过渡金属簇的几何构型。该理论的一个内容是,如果一个给定的多面体几何构型的合适的电子数量增加或减少,则簇将调整其几何构型,即在一个地方打开一个键或在另外一个地方生成一个键,以补偿相差的电子数量。离散的分子型过渡金属簇和多面体硼烷也可以重构。

回到表面,假设从固体中取出一个特定表面的固体片,并将几何构型固定。这片固体在二维平面上是周期性的,在垂直于表面的方向上是非周期性的,因此具有半无限性。半无限性要比全无限性难处理得多,因为在第三维中平移对称性消失。而对于简化问题来说,对称性是必不可少的,没有人想对阿伏伽德罗数维的矩阵进行对角化。利用平移对称性和群表示论这一工具,可以将问题简化到晶胞中所含轨道数的尺度。

23 为此我们选择了具有一定厚度的固体片。图 23 显示了 FCC(面心立方晶格)金属(111)表面的四层片模型,这是典型的六方最密堆积面。这个固体片应该有多厚呢? 要足够厚,以使其内层的电子性质接近块体的,外层的电子性质接近真实表面的。实际中,为了更简洁,通常选择三层或四层。

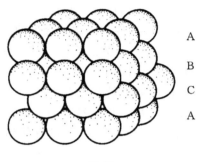

图 23

然后将分子放到固体片上——不是一个分子(因为那样会破坏期望的二维对称性),而是保持平移对称性的一个完整的分子阵列或分子层[22]。这会立即引出表面化学的两个基本问题:覆盖度和择优占位。图 24 显示了 CO 在 $c(2 \times 2)$ 阵列的 Ni(100) 上、覆盖度为 1/2 的顶位吸附。图 25 显示了覆盖度为 1/4 时乙炔在 Pt(111) 上顶位吸附的四种可能的方式,其中阴影区域是晶胞。实验上更有利的方式是图 25(c) 所示的三重桥位模式。许多表面反应都依赖于覆盖度[2],人们也想了解分子在表面上的位置及相对于表面的取向。

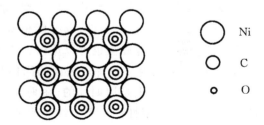

Ni

C

O

图 24

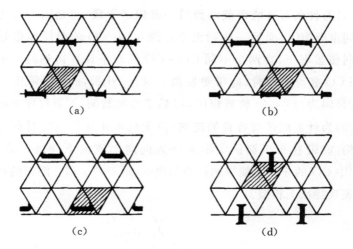

图 25

这样我们得到了一片厚达三或四个原子层的金属片及单层吸附的分子层。图 6* 显示了两种间距下的 CO 单层的能带结构,图 7* 显示了四层 Ni(100)板的能带结构。这些带结构的表观现象现在应该很清楚了,详细说明如下。

(1)**作什么图**:E-k 图。点阵是二维的,k 是一个矢量,在二维布里渊区中变化,$k=(k_x,k_y)$。该区域中的一些特殊点的标准名称是:Γ(区域中心)$=(0,0)$,$X=(\pi/a,0)$,$M=(\pi/a,\pi/a)$。绘制的图表示在连接这些点的倒易空间中,能量沿一些特定方向的变化。

(2)**有多少条线**:线的数目与晶胞中的轨道数相同。每条线都表示一个能带,由晶胞中的单个轨道生成。就 CO 而言,每个晶胞只有一个分子,并且该分子具有众所周知的 4σ、1π、5σ 和 $2\pi^*$ 分子轨道,每个分子轨道产生一个能带。对于四层 Ni 板,晶胞具有 4 个 Ni 原子,每个 Ni 原子都有 5 个 3d、1 个 4s 和 3 个 4p 基函数。在图 7* 所示的能量图中,我们可以看到这些轨道产生的部分能带。

(3)**能带在哪(从能量上看)**:这些能带从"重心"向外伸展,或多或少地发生发散。这里,"重心"是指晶胞中产生能带的轨道的能量。因此,Ni 的 3d 能带低于 4s 和 4p,CO 的 5σ 能带低于 $2\pi^*$。

25

26

(4)**为什么有些能带陡峭而另一些能带平缓:**这是因为有些能带晶胞间重叠很大,而另一些则很小。图 6˚ 中 CO 的单层能带是对应于不同覆盖率下,在两个不同 CO – CO 间距下计算得到的。不难看出,当 CO 靠得更近时,能带更发散。对于 Ni 板,s、p 能带比 d 能带宽,这是因为与 4s、4p 轨道相比,3d 轨道更加紧缩,扩散程度更小。

(5)**为什么能带有各自的走向:**由于轨道相互作用的对称性和拓扑结构,能带在布里渊区中沿某些方向向上或向下伸展。请注意,图 6˚ 中 CO 的 σ 和 π 能带的行为与图 5˚ 示意的 s 和 p 能带的预测走向在表观特征上相似。

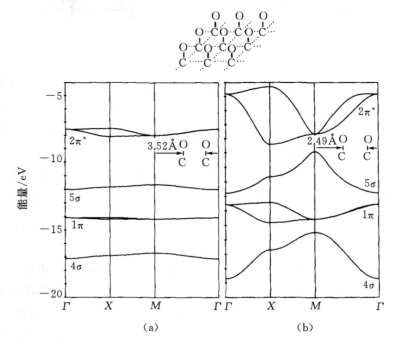

图 6˚   两种间距下的正方单层 CO 的能带结构

[这对应于 Ni(100)表面的 1/2 和全覆盖度]

当然,还有更多细节需要弄明白。但是,总体来说,这些图很复杂,不是因为存在任何的神秘现象,而是因为包含的可理解的或已被理解的知识太丰富了。

还有一个问题,即如何描述所有高度离域的轨道,以及如何在固体中依然使用定域的、化学的或前线轨道的语言。下面将介绍一种方法。

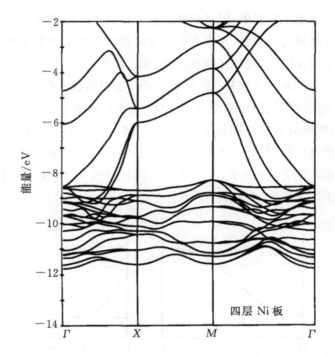

图 7* 以四层 Ni 板为模型的 Ni(100)表面能带结构
(平缓的能带由 Ni 的 3d 衍生而来,更高度分散的能带是 4s 和 4p)

态密度

在固体或表面(两者都像是非常大的分子)上,我们不得不处理非常多的能级水平或状态。如果在晶胞中有 n 个原子轨道(基函数),则能生成 n 个分子轨道,那么若宏观晶体中有 N 个晶胞(N 接近阿伏伽德罗数),我们将拥有 Nn 个晶体能级。其中许多是被占有的,或者粗略地说,它们被挤进分子或晶胞能级所在的相同能量区间中。在单个分子中,我们能够挑选出一个轨道或一小部分轨道作为决定分子的几何构型、反应性等的前线轨道或价轨道。但是在晶体中，数量众多（Nn 个）的轨道中的某一个能级是无法决定几何构型或反应性的。

然而，有一种方法可以让我们在固态中仍然使用前线轨道语言。我们无法考虑单个能级，但是也许我们可以讨论一组能级。有多种方法可以对级别进行分组，其中考察给定能量间隔中的所有能级是一种显而易见的方法。态密度（DOS）的定义式如下：

$$DOS(E)dE = E \text{ 和 } (E+dE) \text{ 之间的能级数}$$

一个氢原子链的简单能带的 DOS 曲线形状如图 26 所示。请注意，因为能级沿 k 轴等距分布，并且 $E(k)$ 曲线（即能带结构）具有简单的余弦曲线形状，因此在此能带的顶部和底部给定的能量间隔中存在更多的态。通常，$DOS(E)$ 与 $E(k)-k$ 的斜率成反比，或者简单地说，频带越平坦该能量处的态密度越大。

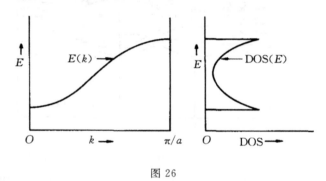

图 26

DOS 曲线的形状可以从能带结构中预测。图 8* 显示了 PtH_4^{2-} 链的 DOS 曲线，图 9* 显示了二维单层 CO 的 DOS 曲线。这些图可以根据它们各自的能带结构绘制出来。一般来说，这些图的详细构造最好留给计算机来完成。

由 DOS 曲线能够计算能级数。上限取费米能级对 DOS 进行积分就得到被占有分子轨道的总数，此数乘以 2，即电子的总数，因此DOS 曲线描绘了电子的不同能量处的分布。

DOS 曲线的一个重要方面是，它表示从倒易空间（即 k 空间）返回到实空间。DOS 是布里渊区，即具有特定能量的分子轨道上的所

有 k 的平均值。这样做的优势在很大程度上是心理上的。如果允许我一概而论,我认为化学家(晶体化学家除外)大多会不习惯于倒易空间,而宁愿回到实空间去思考。

考虑回到实空间的另一个重要原因是:化学家可以近似地、直观地绘制任何材料的 DOS。DOS 图只需了解原子的相关知识、它们的近似电离势、电负性,以及对晶胞间重叠程度的判断(通常从结构上就能明显看出)。

28

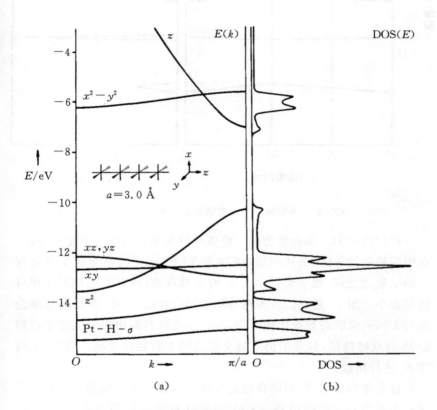

图 8* 　重叠堆积的 PtH_4^{2-} 的能带结构和态密度
(DOS 曲线变宽,因此无法分辨出 DOS 中 xy 的两峰形状)

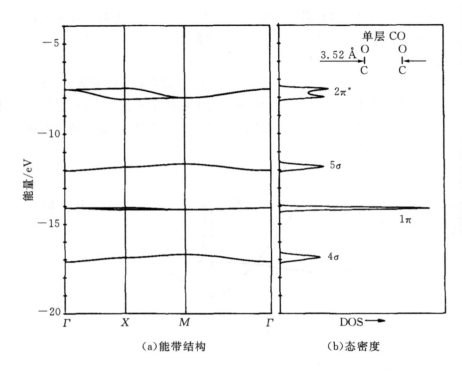

图 9* CO 正方单层分子的能带结构和态密度（间距为 3.52 Å）

　　我们以 PtH_4^{2-} 聚合物为例。单体单位在聚合物中显然是不变的。在中等程度的单体-单体间隔（例如 3 Å）下，主要的晶胞间重叠是在 z^2 和 z 轨道之间，接下来是 xz、yz 的 π 型重叠；所有其他相互作用可能都很小。图 27 是我们所预测的示意图。在图 27 中，我没有仔细绘制与实际的总状态数成比例的积分面积，也没有画出每个能级生成的 DOS 的双峰特征，只是给出了每个能带的大致延伸情况。将图 27 与图 8* 进行比较。

　　这是很容易的，因为聚合物是由分子单体单位组成的。让我们尝试一个本质上三维的体系。TiO_2 的金红石结构是相当普遍的类型。如图 28 所示，金红石结构的每个金属中心都有良好的正八面体环境，每个配体（例如 O）与三个金属相连。晶体中具有共用边的 MO_6 正八面体链沿一个方向无限延伸，但金属与金属的间距始终相对较长[23]。这里没有单体单位，只有无限的组装。然而还有尚能识别的八面体位

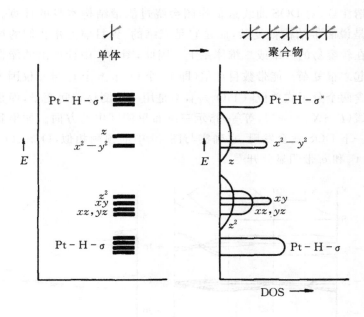

图 27

点。在每个八面体中,金属 d 轨道必须分裂为 t_{2g} 和 e_g 组合,即经典的
"三下二上"的晶体场分裂。余下要做的唯一一件事是认识到 O 具有
独特的 2s 和 2p 能级,并且在该晶体中不存在有效的 O⋯O 或 Ti⋯Ti
相互作用。我们的预测如图 29 所示。

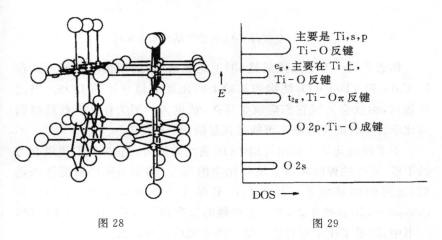

图 28   图 29

　　请注意，对 DOS 曲线近似作图会绕过能带结构本身的计算。这倒不是说能带结构很复杂，而是它是三维的，到目前为止我们的讨论还是在较容易的一维或二维体系上。因此，图 10* 中计算出的能带结构看起来很复杂。能带数目加倍（即 12 个 O 2p、6 个 t_{2g} 带），仅因为晶胞包含两个分子式单位 $[(TiO_2)_2]$，不是用一个倒易空间变量，而是用几条线（$\Gamma \rightarrow X$、$X \rightarrow M$，等等）指示三维布里渊区中的方向。如果我们观察一下 DOS 就会发现，它确实与图 29 中的预测相似，O 2s、O 2p、Ti 的 t_{2g} 和 e_g 带明显分开[23]。

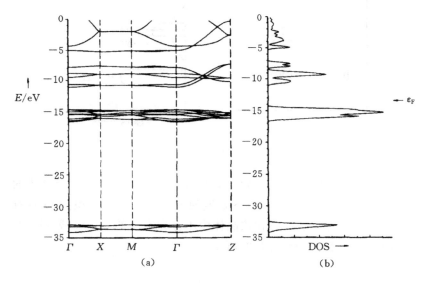

图 10*　金红石 TiO_2 的能带结构和态密度

　　你想尝试一下更具挑战性（但不是非常难）的事情吗？请尝试在 La_2CuO_4 和 $YBa_2Cu_3O_7$ 结构的基础上画出新的超导体的 DOS。当这样做后，你就会发现它们应该是导体，请思考一下为什么这些稍微偏离化学计量式的化合物不可能是优异的超导体[24]。

　　不要轻视化学家画出近似 DOS 曲线的能力。它为我们提供有力的手段、定性的理解和与定域的化学的观点（例如晶体场或配体场模型）之间的明显联系。我想在这里提及一位固体化学家，John B. Goodenough，这些年来，尤其是在他的富有预见性的《磁性与化学键》一书中，展示了化学家对能带结构的近似构筑有多么棒[25]。

但是,在图 27 和图 29 中,对于 PtH_4^{2-} 和 TiO_2 的定性 DOS 图远不止是对 DOS 的猜测,还是对态在实空间中进行定域的化学表征(它们是在 Pt 上、H 上、Ti 上还是在 O 上?)以及对它们的成键性质(Pt - H 成键、反键、非键等)的说明。化学家马上会问,空间中电子在哪里? 键在哪里? 即使晶体分子轨道,即 Bloch 函数使电子在整个晶体上离域,也一定存在一种方法可以回答这些化学中固有的定域问题。

电子在哪里？

化学中在希望和认知之间有一个有趣的矛盾,即从分子中原子的、静电的观点出发,我们想要将电子分布在特定的中心上,而电子并不像我们希望的那样是定域化的。对于一个双中心的分子轨道:

$$\Psi = c_1 \chi_1 + c_2 \chi_2$$

其中,χ_1 位于中心 1 上,χ_2 位于中心 2 上,且假设中心 1 和 2 不相同,χ_1 和 χ_2 是归一化但不正交的。电子在此分子轨道中的分布由 $|\Psi|^2$ 给出,Ψ 应当是归一化的,所以

$$1 = \int |\Psi|^2 d\tau = \int |c_1\chi_1 + c_2\chi_2|^2 d\tau = c_1^2 + c_2^2 + 2c_1c_2 S_{12}$$

其中,S_{12} 是 χ_1 和 χ_2 之间的重叠积分。这就是 Ψ 中的一个电子的分布方式。很明显,c_1^2 表示分配给中心 1,c_2^2 表示分配给中心 2。$2c_1c_2 S_{12}$ 显然是一个与相互作用相关的量,称为重叠布居,我们很快会将其与键级联系起来。但是,如果坚持要在中心 1 和中心 2 之间分配电子密度应当怎么办呢? 我们希望所有部分加起来等于 1,而不是 $c_1^2 + c_2^2$。我们必须设法将"重叠密度"$2c_1c_2 S_{12}$ 分配给两个中心。Mulliken 提出了一个公平的解决方案(这就是称其为 Mulliken 布居分析的原因[20]),即将 $2c_1c_2 S_{12}$ 平均分配给中心 1 和 2,中心 1 分配到 $c_1^2 + c_1c_2 S_{12}$,中心 2 分配到 $c_2^2 + c_1c_2 S_{12}$,并且保证总和为 1。应该承认,划分重叠密度的 Mulliken 方案虽然是唯一的,但也是相当随意的。

计算机做的稍微多一点,因为它要将给定中心上每个原子轨道(通常有几个)在每个被占据的分子轨道(可能有很多)上所作的这些贡献加和。在晶体中,是将布里渊区的若干 k 点加和,然后再通过对这些点求平均返回到实空间。最终结果是将总 DOS 划分为原子或轨道的贡献。我们还发现,将 DOS 分解成片段分子轨道(fragment molecular orbitals，FMOs），即复合分子中特定分子片段的分子轨道的贡献是非常有用的。这在固体理论中，通常被称为"DOS 投影"或"局域DOS"。无论称作什么，它们都会在原子之间划分 DOS。将这些投影向上积分到费米能级，就会给出指定原子或特定轨道上的总电子密度。然后，通过参考某种标准密度，可以将电荷指认给原子或轨道。

图 11* 和图 12* 分别给出了 PtH_4^{2-} 堆积中 Pt 和 H 之间的电子密度分配，以及金红石中 Ti 和 O 之间的电子密度分配。正如化学家所知道的那样，一切如图 27 和图 29 中所预测的：能量较低的轨道位于电负性较大的配体（H 或 O）上，能量较高的轨道位于金属上。

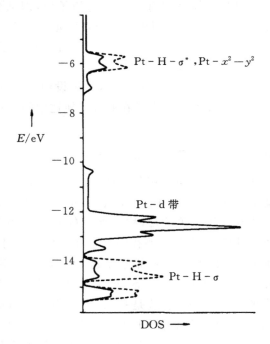

图 11* 实线是 Pt 对重叠堆积的 PtH_4^{2-} 的总 DOS（虚线）的贡献，不在 Pt 上的部分是四个 H 的贡献

我们是否需要更多具体的信息呢？ 在 TiO_2 中，我们可能想看到一些支持晶体场的论据。因此，我们来看一下构成 t_{2g} 的三个轨道（局部坐标系中的 xz、yz 和 xy）和构成 e_g 的两个轨道（z^2、x^2-y^2）的贡献，这也显示在图 12* 中。注意，t_{2g} 和 e_g 轨道是明显分开的。e_g 在 O

的 2s 和 2p 带(σ 成键)以及 t_{2g} 在 O 的 2p 带(π 成键)中各具有少量分布。每种金属轨道类型(t_{2g} 或 e_g)都能扩展成一个能带,但是近八面体定域晶体场的痕迹仍非常清楚。 35

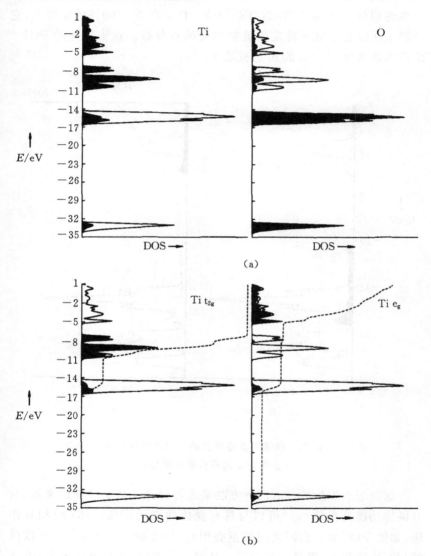

图 12* (a)显示了 Ti 和 O 对金红石型 TiO_2 总 DOS 的贡献;
(b)显示了 t_{2g} 和 e_g 的贡献[它们的积分(标度为 0~100%)由虚线给出]

在 PtH_4^{2-} 中，我们用计算机算出 z^2 对 DOS 的贡献或 z 成分的贡献。如果我们观察 PtH_4^{2-} DOS 中的 z 成分，则可以看到它在 z^2 能带顶部的贡献很小，图 13* 中的积分最容易将其显示出来。图中虚线是简单的积分，像核磁共振（NMR）积分一样。在 $0 \sim 100\%$ 的标度上，它计算了在给定能量下特定轨道被填充的百分数。在未氧化的 PtH_4^{2-} 的费米能级处，有 4% 的 p_z 态被填充。

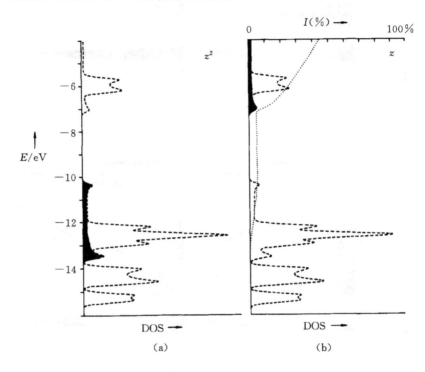

图 13*　z^2 和 z 轨道对重叠堆积的 PtH_4^{2-} 的总 DOS 的贡献
（虚线是 z 轨道贡献的积分）

这是怎么发生的？有两种方法来进行讨论。从定域观点来说，具有供体功能的单体（z^2）可以与具有受体功能的相邻单体（z）相互作用，如图 30 所示。它们之间的重叠很好，但能量匹配很差[11]，所以虽然相互作用很小，但是确实存在。从另一种角度，我们可以考虑 Bloch 函数之间，或对称性匹配的 z 和 z^2 晶体轨道之间的相互作用。在 $k=0$ 和 $k=\pi/a$ 处，它们不混合。但是在布里渊区的内部各个点，Ψ 的对

称群与 C_{4v} 同构[15]，并且 z 和 z^2 Bloch 函数都按 a_1 变换，所以它们发生了混合。这种混合虽然会引起成键，但是成键程度非常小。当聚合物被氧化时，该成键作用的减弱（这本应拉长 Pt−Pt 的距离）被由 z^2 能带的顶部形成空位轨道而导致的 Pt−Pt 反键作用的减弱超过。

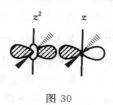

图 30

分子-表面相互作用的探讨：DOS 分解

为了进一步说明 DOS 分解的应用，我们来看一个表面问题。在上一节中，我们分别看到了 CO 覆盖层、Ni 片的能带结构和 DOS（图 6*、图 7*、图 9*），现在我们将它们一起放到图 14* 中。吸附后的几何构型如图 24 所示，Ni−C 键长为 1.8 Å。基于图 7* 和图 9* 的能带结构，这里仅显示了态密度[27]。DOS 曲线中的某些波动也不是真实的，只是计算中对 k 点采样不足的结果。

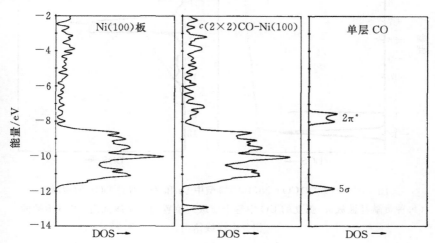

图 14*　$c(2\times2)$CO−Ni(100) 模型体系（中间）的总态密度与其孤立的四层 Ni 板（左）和单层 CO 的态密度的对比

显然，复合体系 $c(2\times2)CO-Ni(100)$ 粗略看是 Ni 板和 CO 层的叠加。然而还是发生了一些变化的，其中一些很明显，如 DOS 中的 5σ 峰已经下移。有一些则不是很明显，如 $2\pi^*$ 在哪里？以及金属上的哪些轨道在相互作用中是活跃的？

让我们来看一下对总 DOS 的分解如何帮助我们探寻化学吸附的 CO 体系中的成键情况。图 15^* 显示了 5σ 和 $2\pi^*$ 对 DOS 的贡献。虚线是对有贡献的轨道片段的 DOS 的简单积分。相对标度为 $0\sim100\%$，标注于顶部，积分显示了在一个特定能量上指定轨道被占据的总百分数。很明显，尽管 5σ 轨道的能量下降了，但仍然保持相当强的定域性，它的电子占有数（对它的 DOS 贡献积分到费米能级）是 1.62 个电子。$2\pi^*$ 轨道显然离域性更强，它与金属 d 带混合，因此 $2\pi^*$ 能级总共有 0.74 个电子。

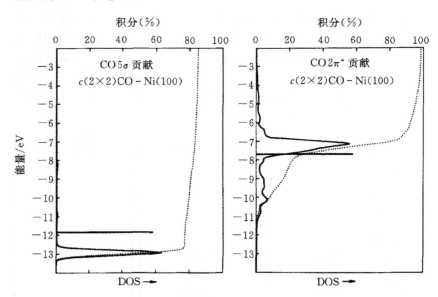

图 15^*　$c(2\times2)CO-Ni(100)$ 模型中 5σ 和 $2\pi^*$ 对总 DOS 的贡献（每种贡献都被放大；孤立的 CO 中每个能级的位置用一条线标出；DOS 贡献的积分由虚线给出）

金属表面上的哪些能级参与了这些相互作用？在单个的分子体系中，我们知道对成键的重要贡献来自从羰基含孤对电子的 5σ 到相邻金属片段上某个合适的杂化轨道的正向供给(forward donation),如图 31(a)所示,以及包含 CO 的 $2\pi^*$ 和金属 d_π 的轨道 xz、yz 的逆向供给(back donation),如图 31(b)所示。我们怀疑在表面上也存在类似的相互作用。

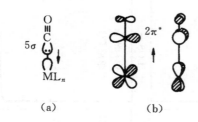

图 31

通过并排画出 $d_\sigma(z^2)$ 和 5σ 对 DOS 的贡献以及 $d_\pi(xz,yz)$ 和 $2\pi^*$ 的贡献,可以找到这些相互作用。在图 16* 中,最清楚的是 π 相互作用:注意 $2\pi^*$ 如何在 d_π 态处提供密度贡献。反之亦然,d_π 态在 $2\pi^*$ 密度中也具有"共振"。我没有展示其他金属能级的 DOS,但如果这样做,将会看到这些金属能级与 5σ 和 $2\pi^*$ 之间未发生这种共振。读者至少可以证实在 d_π 态处 5σ 不会提供密度贡献,$2\pi^*$ 也不会对 d_σ 态存在的主要区域提供密度贡献[27]。CO 的 $2\pi^*$ 与金属 p_π 之间也存在微弱的相互作用,此处不再分析这一现象[28]。

为了增强对分子分析的习惯性,让我们考虑另外一个体系。在图 25 中,我们绘制了覆盖率为 1/4 的几种乙炔–Pt(111)的结构。现在考虑其中一种结构,即双桥式吸附位点[见图 25(b)],在图 32 中重新绘制。乙炔的一组简并的能量较高的占有 π 轨道,以及一组重要的未被占有的 π^* 轨道参与了吸附过程,如图 33 的上部所示。在所有已知的分子和表面配合物中,乙炔分子是弯曲的,这打破了 π 和 π^* 的简并性,使某些 s 成分混入到位于弯曲平面中并指向表面的 π_σ 和 π_σ^* 轨道中。价电子轨道显示在图 33 下部。图 17* 展示了这些价电子轨道对图 33 所示结构体系的总 DOS 的贡献,图中直线标记出单个分子中乙炔轨道的位置。很明显,CO 的 π 和 π^* 的相互作用小于 π_σ 和 π_σ^* 的相互作用[29]。

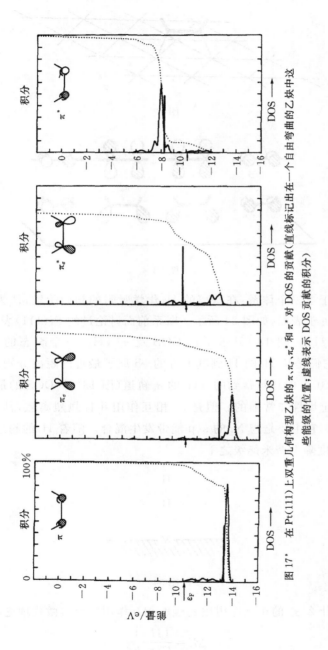

图 17* 在 Pt(111)上双重几何构型乙炔的 π、π_σ、π_σ^* 和 π^* 对 DOS 的贡献(直线标记出在一个自由弯曲的乙炔中这些能级的位置;虚线表示 DOS 贡献的积分)

41

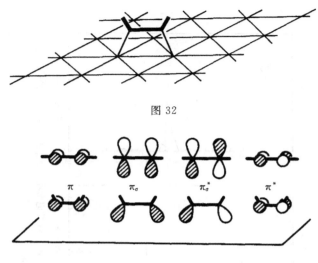

图 32

图 33

π　　π_σ　　π_σ^*　　π^*

对于第三个体系：在游离的 H_2 化学吸附的初始阶段，认为 H_2 垂直地趋近于表面，如图 34 所示。联系前面讨论过的 Pt(111) 表面来考虑 Ni(111)。图 18* 显示了总 DOS 及 σ_μ^* (H_2) 三个瞬态的系列投影[30]，它们是从 H_2 的 H 到其下方的 Ni 原子最近的距离分别取 3.0、2.5 和 2.0 Å 时计算得到的。H_2 的 σ_g 轨道（图 18* 中 DOS 的最低峰）仍然是定域性非常强的。但是 σ_μ^* 相互作用并且强烈离域，其主要密度上移。它主要是与 Ni 的 s、p 能带发生混合。随着 H_2 的趋近，某些 σ_μ^* 的密度降至费米能级之下。

H
|
H

M

图 34

为什么 σ_μ^* 的相互作用比 σ_g 强？相互作用的经典微扰理论的量度

$$\Delta E = \frac{|H_{ij}|^2}{E_i^0 - E_j^0}$$

可以帮助我们理解这一点。σ_μ^* 至少在能量上与金属的 s、p 能带共振更多。另外，在任何给定的能量下，它与对称性匹配的金属轨道的相互作用都大于 σ_g。这是由于在归一化中包含重叠的结果：

$$\Psi_\pm = \frac{1}{\sqrt{2(1\pm S_{12})}}(\phi_1 \pm \phi_2)$$

σ_μ^* 的系数明显大于 σ_g 的系数。许多人都指出了这一点，但目前 Shustorovich 和 Baetzold 着重强调了这一点[31-33]。

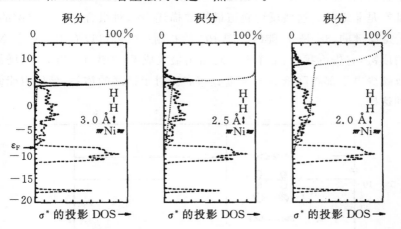

图 18*　冻结(frozen)H_2 趋近 Ni(111)表面模型的不同距离处 $H_2\sigma_\mu^*$（实线）对总 DOS(虚线)的贡献(点线是对 H_2 密度的积分)

我们已经看到电子在晶体中是如何分布的，下面让我们来讨论以下问题。

键在哪里？

对定域成键的考虑（请参阅图 27、29）很容易将成键特性赋予某些轨道，或者由这些轨道形成的能带。那么，必然存在一种方法，可以在完全离域计算得到的能带中找到这些键。

可以将重叠布居的概念推广到晶体。回想一下，对于双中心轨道，在 Ψ^2 积分中，$2c_1 c_2 S_{12}$ 是成键的特征。如果将重叠积分取正值（并且总是可以这样假设），则此量可以按我们所期望的作为键级的量度：如果 c_1 和 c_2 同号，则为正（成键）；如果 c_1 和 c_2 异号，则为负（反键）。　　43

"Mulliken 重叠布居",就是所说的 $2c_1 c_2 S_{12}$(两个原子上所有轨道的,以及所有占有分子轨道的总和)的大小取决于 c_i、c_j、S_{ij}。

在讨论固体之前,让我们回顾一下如何在分子问题中应用重叠布居。图 19* 显示了我们所熟悉的双原子 N_2 的能级、它们的态密度(用短线表示,长度正比于能级的数目,长度为 1 表示 σ,长度为 2 表示 π)以及这些能级对重叠布居的贡献。$1\sigma_g$ 和 $1\sigma_u$(图中未显示)的贡献很小,因为在被紧缚的 1s 轨道之间 S_{ij} 很小。$2\sigma_g$ 是强成键的,$2\sigma_u$ 和 $3\sigma_g$ 基本是非键的。这些反键轨道最好被描述为孤对组合。π_u 是成键的,π_g 是反键的,$3\sigma_u$ 是 σ* 能级。图 19* 的右侧一眼就可以看出表征了 N_2 的成键,它告诉我们,七个电子对给出最大成键(考虑 $1\sigma_g$ 和 $1\sigma_u$);增加或减少电子都将降低 N – N 重叠布居。对于扩展的体系,最好也能做到这样。

44

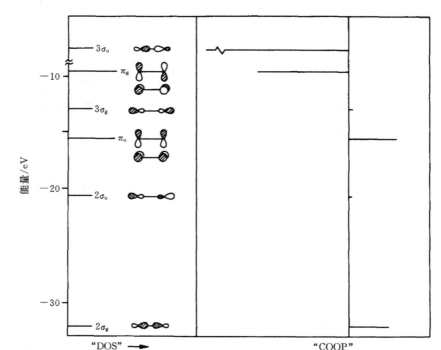

图 19*　N_2 的轨道和按"固体方法"绘制的该分子的 DOS 和 COOP 曲线
(不包含 $1\sigma_g$ 和 $1\sigma_u$ 轨道)

固体的键指数是很容易建立的。一个明显的过程就是，在一个特定的能量间隔内，考察所有态的成键倾向，并通过 Mulliken 重叠布居 $2c_1c_2S_{12}$ 进行衡量。我们定义的是重叠布居权重的态密度（overlap population weighted density of states）。不幸的是，它的一目了然的缩写 OPWDOS 已经被固体物理学中的另一个常用术语所采用。出于这个原因，我们称此量为 COOP，即晶体轨道重叠布居（crystal orbital overlap population）[34]。考虑到"轨道共同作用以在晶体中形成键"的建议也不错，因此该词也可以读作"co-op"（合作）。

为了体会这个量的含义，让我们考虑一下氢链的 COOP 曲线是什么样子的。前面给出了其简单的能带结构和 DOS（见图 26），现将它们和 COOP 曲线重画在图 35 中。

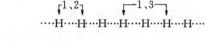

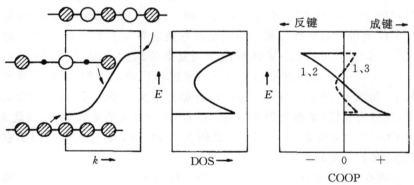

图 35

要计算 COOP 曲线，必须指定一个键。让我们选择最邻近的 1、2 相互作用。能带的底部是 1、2 成键，中间是非键的，顶部是反键的，COOP 曲线的形状如图 35 右侧所示。但是，并非所有的 COOP 曲线都是这样。如果我们指定次临近的 1、3 的键（对于线性链来说，这样做是愚蠢的；对于弯曲链来说，就不会那么愚蠢），那么能带的底部和顶部是 1、3 成键，中间是反键，该曲线（即图 35 中的虚线）的形状与 1、2 相互作用时的不同。而且，由于 S_{ij} 随着距离增大迅速减小，其成键和反键幅度自然要小得多。

请注意 COOP 曲线的一般特征：正的区域是成键的，负的区域是反键的。这些曲线的幅度取决于该能量间隔中的状态数目、耦合重叠的大小以及分子轨道中系数的大小。

上限至费米能级的 COOP 曲线的积分是指定键的总重叠布居。这为我们理解 DOS 和 COOP 曲线指出了另一种思路。DOS 和 COOP 是晶体中电子占有情况和键级指数的微分表示方法：上限至费米能级的 DOS 积分给出了总电子数，COOP 曲线的积分给出了总重叠布居，重叠布居与键级不同，但它们尺度相似。这是理论家最能接受的那种不完善但非常有用的、简单的键级的概念。

现在换成比氢链或多烯链更复杂一点的体系，如 PtH_4^{2-} 链的 COOP 曲线。图 20^* 显示了 Pt－H 和 Pt－Pt 的 COOP 曲线，同时还绘出了聚合物的 DOS 曲线。某些能带成键或反键的特征很明显，并且完全符合近似示意图（图 27）的预测。在 －14 eV、－15 eV 处的能带是 Pt－H σ 成键，在 －6 eV 处的能带是 Pt－H 反键（这是晶体场不稳定的 x^2-y^2 轨道）。介于 －10 eV 和 －13 eV 之间的 d 组的能级对 Pt－H 成键没有任何贡献。但正是这些轨道参与了 Pt－Pt 成键。通过将 －10 eV 至 －13 eV 区域内相当复杂的结构考虑成 $\sigma(z^2-z^2)$、$\pi(xz,yz)-(xz,yz)$ 以及 $\delta(xy-xy)$ 成键和反键的叠加，就很容易理解了，如图 36 所示。每种类型的结合都会产生一条能带，其底部为成键，顶部为反键（请参见图 35 和图 3^*）。由于涉及的重叠很少，因此 δ 对 COOP 的贡献很小。－7 eV 处较大的 Pt－Pt 成键区可归因于它处于 Pt z 能带的底部。

现在，我们可以清楚地表示出 Pt－H 和 Pt－Pt 的成键特性与能量的关系。如果我们研究的是一个被氧化的材料，那么从图 20^* 可以清楚地看到氧化对成键的影响。从 －10 eV 处的 z^2 能带的顶部移走电子，就是将电子从 Pt－Pt 反键、Pt－H 非键的轨道上移走。

电子数目的调节是固体化学家的手段之一。取代元素，插入原子，提高非化学计量。固体化学中的氧化和还原，与通常的分子溶液化学中的氧化和还原一样，具有特征的（但实验时并不总是能轻易得到的）化学活性。我们对 Pt－Pt 链得出的结论很简单、很容易预测，其他情况肯定会更加复杂。但 COOP 曲线能使人们一目了然地得出氧化或还原对键长的定域作用（键会更弱或更强）的结论。

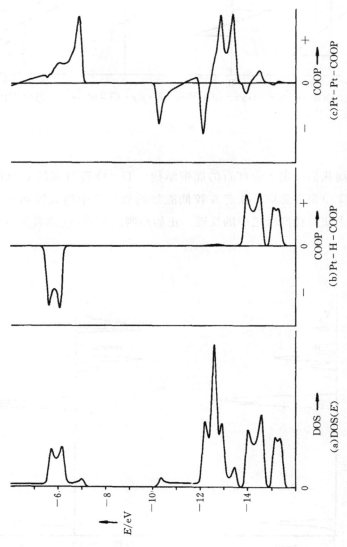

图 20* 重叠堆积的 PtH₄²⁻ 的总态密度以及 Pt－H 和 Pt－Pt 的晶体轨道重叠布居曲线

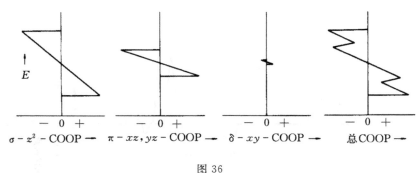

$$\sigma - z^2 - \text{COOP} \longrightarrow \qquad \pi - xz, yz - \text{COOP} \longrightarrow \qquad \delta - xy - \text{COOP} \longrightarrow \qquad \text{总COOP} \longrightarrow$$

图 36

前面我们给出了金红石的能带结构。Ti - O 键对应的 COOP 曲线（图 21*）非常简单。注意在较低能量的氧能带中的成键和在 e_g 晶体场中去稳定化的轨道中的反键。正如预测的那样，t_{2g} 能带是 Ti - O 反键的。

48

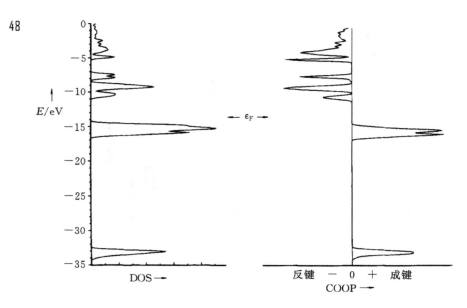

图 21*　红金石结构的 DOS 和 Ti - O 的 COOP 曲线

让我们尝试预测与 PtH_4^{2-} 或 TiO_2 完全不同的、具有面心立方结构的固态过渡金属 Ni 的 DOS。每个金属原子都有价轨道 3d、4s、4p，其能级顺序大致如图 37 左侧所示。每个轨道将扩展成一个能带。我们可以根据重叠来判断能带的宽度。s、p 轨道是发散的，其重叠将很大，会形成一个宽能带，它们彼此还在很大程度上混合。d 轨道是收缩的，因此会产生相对较窄的能带。

图 22* 中显示了计算得到的固体 Ni 的 DOS（略去了具体的能带结构），以及 Ni 的 s 和 p 对该 DOS 的贡献，那些不是 s 和 p 的贡献的部分就是 d 的贡献。它再现了图 37 的基本特征。在费米能级上，s 能带的大部分被占据，因此计算出的 Ni 构型为 $d^{9.15}s^{0.62}p^{0.23}$[35]。

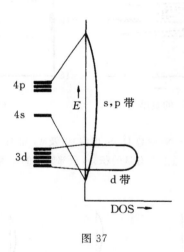

图 37

人们预测的固体 Ni 的 COOP 曲线是什么样子呢？作为第一步近似，我们可以分别画出每个能带形成的 COOP 曲线，如图 38(a) 和 (b) 所示（对应于图 37 中的每个能带，较低的部分是 Ni - Ni 成键，较高的部分是 Ni - Ni 反键）复合后得到图 38(c)。计算出的 COOP 曲线如图 23* 所示，与图 38(c) 中的预测符合得相当好。

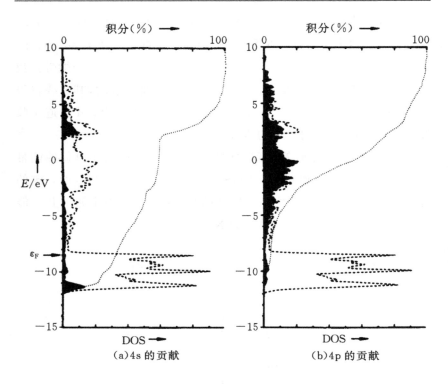

图 22* 固体 Ni 中总 DOS(虚线)以及 4s 和 4p 对它的贡献
(点线是指定轨道上占有量的积分,顶部给出的标度为 0～100%)

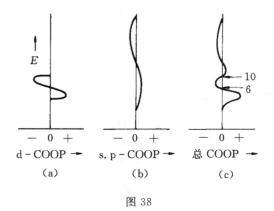

图 38

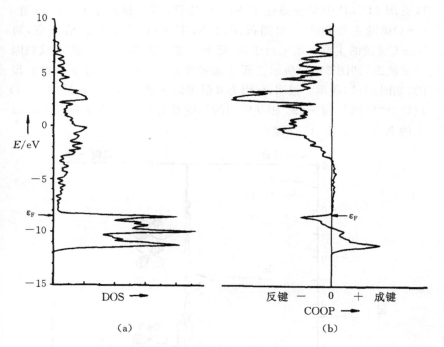

图 23* 固体 Ni 的总 DOS 和最邻近 Ni - Ni 的 COOP

可以预测,对于任何过渡金属,都有如图 38(c)或图 23* 所示的金属-金属 COOP 曲线。能级可能会上移或下移,但它们的成键特性可能是相同的。如果我们假设所有的金属都具有相似的能带结构和 COOP 曲线(在固体物理学上将其称为刚性能带模型),那么图 23* 将具有巨大的作用。它简单概括了所有金属的结合能。随着过渡金属序列的移动,M - M 重叠种群布居(这显然与键能或结合能有关)将增加,大约在拥有 6 个电子的原子——Cr、Mo、W 处达到峰值。然后,它将减小,直到过渡序列的末尾,但对于含较少的 s、p 电子的金属会再次上升。含 14 个以上的电子的原子,不太可能是金属。如此高度的配位会使净重叠布居变为负值。具有较低配位的同分异构体是有利的。结合能和金属-非金属过渡比上述复杂得多。尽管如此,从图 38 的简单构造中仍可以得到许多物理和化学的信息。

COOP 曲线是探查表面吸附物相互作用的有用工具。例如,我们可以看看如何使用该指示器来支持上述 CO 化学吸附现象。相关曲线见图 24*,其中实线描述了 Ni－C 成键,点线描述了 C－O 成键。C－O 成键主要集中在此图范围之外(下面)的轨道中。请注意,对 Ni－C 成键的主要贡献来自于 5σ 峰和 d 能带的底部。5σ 的贡献归因于 σ 成键,如图 31(a)所示。而 d 能带底部的贡献是通过 π 成键实现的,如图 31(b)所示。很明显,因为 d 能带的 π 成键与同一区域的 C－O 反键呈"镜像"。$d_π－2π^*$ 相互作用的反键部分产生了位于费米能级以上的 Ni－C 和 C－O 反键[27]。

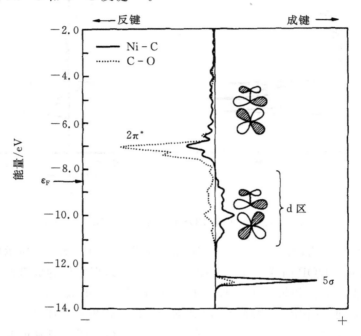

图 24*　$c(2×2)CO－Ni(100)$模型中顶位吸附的 CO 晶体轨道重叠布居
(图中还画出了一些具有代表性的轨道组合)

需要强调的是,这些曲线不仅是说明性的,而且还构成了探查相互作用的一部分。例如,假设我们不太确定相当一部分成键来自于 $d_π－2π^*$ 相互作用,我们可以想象它是 1π 轨道和一些未填充的 $d_π$ 轨道之间的 π 成键。这种相互作用显示于图 39 中。如果这种混合是非常重要的,则以反键方式与其下方的 1π 相互作用的 d 组轨道应参与 Ni－C反键和 C－O 成键,但在图 24* 中并未看到此部分。反而是 d 轨道的 C－O 反键证实了 $2π^*$ 混合的重要性。

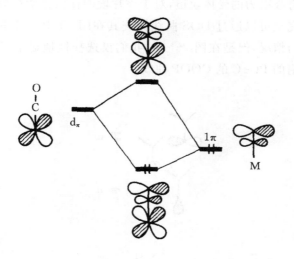

图 39

顺便提一句,Ni-C 以费米能级为上限的积分重叠布居为 0.84,C-O 的是 1.04,在自由 CO 分子中,相应的重叠布居为 1.21。键的减弱很大程度上是由化学吸附的 $2\pi^*$ 布居造成的。

接下来通过化学吸附位点优先性的问题来对 COOP 曲线的应用做进一步的说明。在包括 Pt(111) 在内的许多表面上,乙炔表面化学中特别稳定的末端是次乙基(C_2H_3)[36]。多出的氢如何得来是一个有趣的问题。但是,让我们绕过它,先考虑一下 CCH_3 的位置。图 40 显示了三种选择:单重位或"顶位"、双重位或"桥位"以及三重位或"帽位"。实验和理论都表明,"帽位"是最佳选择。为什么呢?

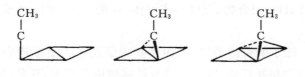

图 40

碳炔(即 CR)的重要前线轨道如图 41 所示。e 组的 C 2p 轨道是一组特别有吸引力的受体轨道,对于该片段的任何化学行为都十分重要。我们完全可以通过 DOS 曲线探查其在图 40 中三种不同几何构型下的参与情况,但是在图 25* 中,我们仅选择性地显示了单重位和三重位吸附的 Pt–C 的 COOP 曲线。

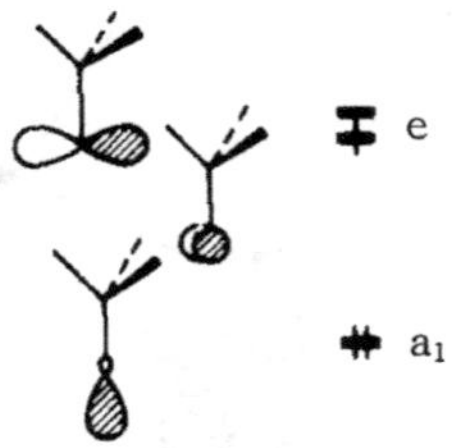

图 41

在顶位、帽位,碳炔 e 组轨道都可以找到与之相互作用的金属轨道,形成成键和反键的组合。其中帽位的耦合重叠要好得多。结果是,碳-金属 e 型反键组合在单重位吸附情况下不会升至费米能级以上,而在三重位吸附情况下会升至费米能级以上。图 25* 清楚地显示了这一点——成键和反键分别导致正的和负的 COOP 峰。单重位吸附情况下,总表面-CCH₃ 重叠布居为 0.78,三重位吸附情况下为 1.60。总能量遵循这些成键情况,因此帽位是首选[29]。

稍作努力,我们就建立了一些工具——态密度及其分解、晶体轨道重叠布居,这些工具使我们能够将一组复杂的、完全离域的晶体轨道或 Bloch 函数转变为定域的化学描述。这个过程没有任何神秘之处。事实上,在这里我希望展示的只是:化学家的思想中蕴藏着巨大的能量。PtH₄²⁻ 聚合物、金红石或固体 Ni 的近似 DOS 和成键特性确实很容易。

当然,除了能带结构以外,固体物理学还包含更多内容。导电的机理、奇妙的超导现象、固体所特有的多种电磁现象,这些都需要物理学的工具和创新[9]。但是对于固体中的成键,我认为(有些人会不同意)没有什么新东西,只是语言不同而已。

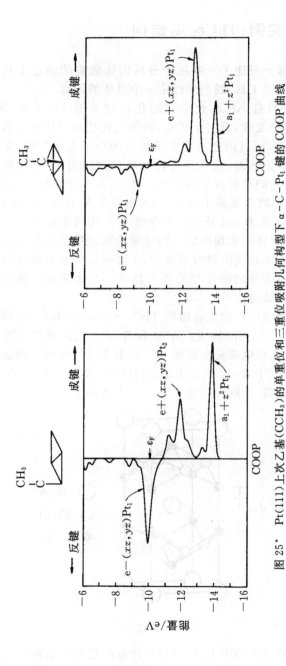

图 25* Pt(111)上炔乙基(CCH₃)的单重吸附位和三重吸附位几何构型下 α−C−Pt₁ 键的 COOP 曲线

一个固体实例：$ThCr_2Si_2$ 结构

前面的部分概述了一些用于分析固体成键的理论工具。为了了解如何整合这些工具，我们来讨论一个具体的问题。

200 多种具有 AB_2X_2 化学式的化合物采用 $ThCr_2Si_2$ 型结构[37]。但是，你可能会发现，近三十年来，任何现代普通无机化学教科书中都没有提到它们，而只讲述占据主导地位的分子无机化学，尤其是过渡金属有机化学。然而，这些化合物的确是存在的，我们知道它们的结构，而且知道它们具有有趣的性质。其中，A 通常是稀土、碱土或碱金属元素，B 是过渡金属或主族元素，X 来自 V A、IV A 族，偶尔来自 III A 族。自从 Parthé、Rossi 及其同事合成了 A 为稀土元素的 AB_2X_2 化合物以来，这些固体所表现出的不同寻常的物理特性引起了人们的极大关注。物理学家表现出对价态波动、p 波或重费米子的超导性以及这些材料的许多奇特的磁性能的极大热情。而化学家们感兴趣的是这些材料的特殊结构。

化学式为 AB_2X_2 的化合物的 $ThCr_2Si_2$ 型结构如图 42 所示。它由 $B_2X_2^{2-}$ 层和 A^{2+} 层相间构成。A 和 B_2X_2 层之间的成键主要是离子性的，这就是我们将电荷分配写为 A^{2+} 和 $B_2X_2^{2-}$ 的原因。但是在 $B_2X_2^{2-}$ 层中，不仅显示了 B-X 共价成键，而且还显示了一些 B-B 金属-金属键。典型的金属-金属间距在 2.7～2.9 Å 之间。

56

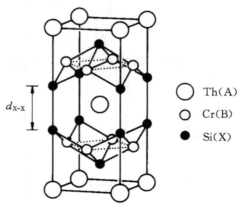

d_{X-X}

○ Th(A)

○ Cr(B)

● Si(X)

图 42

描述这些化合物中 B_2X_2 层的一种方法是把金属原子想象成理想

的平面四方形的二维晶格，主族 X 原子位于其四方孔的上方和下方，如图 43 所示。金属 B 的配位环境近似为主族元素 X 构成的四面体，另外还有相邻金属构成的平面四方形。X 原子的配位更加特殊，位于四角锥的顶点。

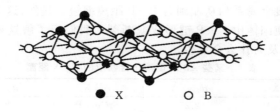

图 43

在这里要注意，描述层状结构还有其他方式。例如，可以认为 B_2X_2 层是通过共享 BX_4 四面体的六条边中的四条并且沿二维方向无限扩展而形成的，如图 44 所示。这种堆积图或用不同方法观察同一结构的方法是特别有用的，一个新的视角通常会带来新的见解。正如导论中所述，我只想引入一个个人观点——使对结构的观察与其他化学分支建立尽可能多的联系。在此基础上，我将优先考虑图 43 结构而不是图 44，因为图 44 会使我们偏离成键。

虽然层内有一个很长的 X⋯X 间距，但本节的焦点是在所有层之间沿四方晶胞（图 42）的边（而且越过顶面和底面）显著可调的 X⋯X 距离。此距离（d_{X-X}）是这些结构中基本的几何变量。

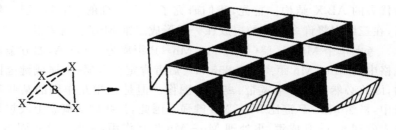

图 44

有时 d_{X-X} 是长的，有时它是短的。表 1 中显示了 Mewis 研究的两个化合物系列[38]。其中，阳离子不变，主族元素 P 也不变，只有金属发生变化。

作为参考，P_4 中的 P－P 距离为 2.21 Å，Me_2PPMe_2 中的 P－P 距离为 2.192 Å。许多化合物的 P－P 单键距离非常稳定，为 2.19～2.26 Å。

$P = P$ 双键和 $P \equiv P$ 叁键键长约为 2.03 Å 和 1.87 Å。显然，$ThCr_2Si_2$ 型磷化物中短间距具有纯 $P-P$ 单键的特征，长间距（如 3.43 Å）意味着完全没有成键。所有已知的具有非键的 $X \cdots X$ 间距的化合物都含有位于元素周期表左侧的金属。实际上，对所有结构的检测揭示了一种趋势，即过渡金属系列从左到右 $P-P$ 距离缩短。显然，这是电子效应在起作用，使固体中 $P \cdots P$ 键形成或断裂。我们想了解这种情况是怎样发生的以及为什么会发生。

表 1　某些 AB_2X_2 型磷化合物中的 $X-X$ 距离

AB_2X_2	$d_{X-X}/$Å	AB_2X_2	$d_{X-X}/$Å
$CaCu_{1.75}P_2$	2.25	$SrCu_{1.75}P_2$	2.30
$CaNi_2P_2$	2.30	$SrCo_2P_2$	3.42
$CaCo_2P_2$	2.45	$SrFe_2P_2$	3.43
$CaFe_2P_2$	2.71		

让我们顺便看看，如果采用 Zintl 观点来研究这些结构会发生什么。长的 $P \cdots P$ 间距对应于被填满的八隅体 P^{3-}，纯 $P-P$ 单键对应于 $P-P^{4-}$。对于二价的 A^{2+}，在没有 $P \cdots P$ 键的情况下，金属处于氧化态 II，在有 $P-P$ 单键的情况下，金属处于氧化态 I。从各种金属氧化态的能量角度，我们可以理解这种趋势，但是对于中间 $P-P$ 间距，Zintl 的图像难以解释，例如，如何描述 2.72 Å 的 $P \cdots P$ 键长？而离域的方法在描述部分成键方面是没有问题的。

Chong Zheng 和我[39]分阶段地研究了以典型的 $BaMn_2P_2$ 化合物为代表的 AB_2X_2 结构。首先，我们研究了一个二维的 $Mn_2P_2^{2-}$ 层。然后，在三维中将许多这样的层放在一起形成三维 $Mn_2P_2^{2-}$ 亚晶格。

考虑单个 $Mn_2P_2^{2-}$ 层（如图 43），$Mn-P$ 距离为 2.455 Å，四方金属晶格中的 $Mn-Mn$ 距离为 2.855 Å。后者肯定在金属-金属成键范围内，因此必然产生一个宽带、离域的图像。但是在相互作用的某些等级中，显然 $Mn-P$ 键比 $Mn-Mn$ 键强。因此，让我们从概念上或想象地先处理 $Mn-P$ 成键、再处理 $Mn-Mn$ 相互作用，来形成这种固体。

每个 Mn 所处的局部配位环境近似为四面体。如果我们有一个离散的四面体 Mn 络合物，如 $Mn(PR_3)_4$，我们可能会看到定性的成键图，如图 45 所示。四个膦孤对的对称性为 $a_1 + t_2$，主要和与之对称性匹配的 Mn 4s 和 4p，以及 Mn 3d 组的 t_2 成分相互作用。四个主要成分为 P 的 $P-Mn$ σ 成键轨道向下延伸。四个主要成分为 Mn 的 $P-Mn$ σ 反键轨道向上延伸。Mn 的 d 组以预料的"三上二下"方式分裂。

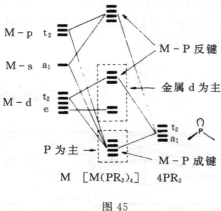

图 45

诸如此类的情况必然会在固体中出现。另外，该层中还存在 Mn－Mn 成键作用，这将导致那些由具有较强金属特征的轨道构成的能带分散。综合的结构如图 26* 所示。

59

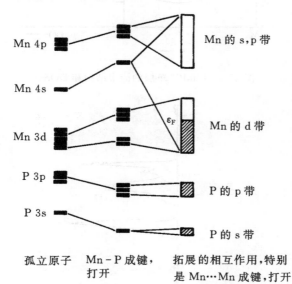

图 26*　Mn₂P₂²⁻ 层能带结构示意图

（该图是通过首先考虑定域的 Mn－P 相互作用，然后考虑二维周期性和 Mn－Mn 相互作用而得出的。晶胞包含两个 Mn 原子和两个 P 原子，因此实际上前两列中的每个能级应加倍）

　　我们能在离域能带结构中看到这种定域的化学成键结构吗？答案是肯定的。单个 $Mn_2P_2^{2-}$ 层的计算的(扩展的 Hückel 理论)能带结构和总态密度如图 27* 所示。

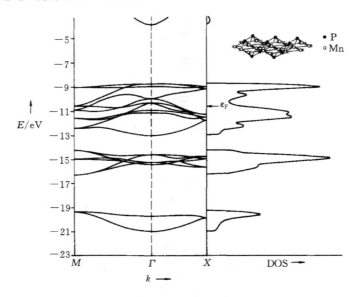

图 27*　　$Mn_2P_2^{2-}$ 单层的能带结构和 DOS

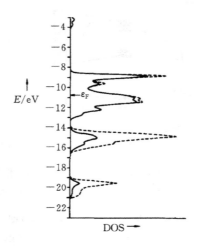

图 28*　　合成的 $Mn_2P_2^{2-}$ 层晶格的总 DOS(虚线)和 Mn 轨道
对该 DOS 的贡献(实线)(除此之外是 P 轨道的贡献)

晶胞是含有两个 Mn 和两个 P 原子的菱形。P 显然比 Mn 具有更大的负电性，因此我们预测两个主要含 P 3s 的能带在 6 个 P 3p 能带之下，而 6 个 P 3p 能带又在 10 个 Mn 3d 能带之下。图 27* 中的能带数目核实后是正确的。DOS 的分解（图 28*）证实了这一点。

图 45 定性成键图预测的成键特征如何？在这里 COOP 曲线很有用，如图 29* 所示。请注意，通过先前的分解，被认为主要成分是 P 的两个较低的能带（在 -15 eV 和 -19 eV 处）是 Mn – P 成键，而在 -12 eV 附近的主要成分是金属的各能带是 Mn – P 非键。大约在 -9 eV 处的一束能级是 Mn – P 反键，它对应于图 45 中的晶体场去稳定化的 t_2 能级。主要成分是金属的能带的底部是 Mn – Mn 成键，顶部是 Mn – Mn 反键。一切都与预测的相同。

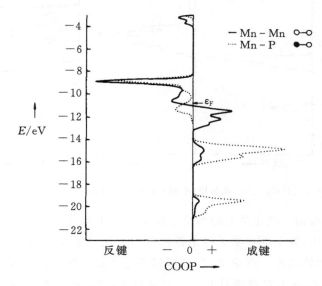

图 29*　　$Mn_2P_2^{2-}$ 单层中 Mn – Mn 键（实线）和 Mn – P 键（点线）
的晶体轨道重叠布居曲线

还可以用一种有趣的、略微不同的方法来研究层内成键，即首先处理 Mn – Mn 键，然后通过插入 P 亚晶格来处理 Mn – P 键，如图 30* 所示。图的左侧是 P 亚晶格，可以看到 P 3s（约在 -19 eV 处）和 P 3p（约在 -14 eV 处）能带都很窄，因为 P 原子相距约 4 Å。Mn 亚晶格（图 30* 中间）显示出相当发散的态密度（DOS），Mn – Mn 的间距仅为

62

2.855 Å。因此，得到的二维金属具有我们熟知的宽的 s、p 带和窄的 d 带。图 30* 中间的 DOS 的底部是 3d 能带，顶部是 4s、4p 能带的较低部分。在图 30* 的右侧是合成的 $Mn_2P_2^{2-}$ 层的态密度。请注意，各个 P 和 Mn 的态束（bunches of states）在形成合成晶格时是如何相互排斥的。也请注意，一部分 Mn d 带停留在原处，而另一部分则向上移动。这是在这种离域结构内，晶体场分裂的定域 e 在 t_2 以下的重现。再也没有更多的图解方式来表示无机固体与单个的无机分子中发生的相互作用的相似性了。

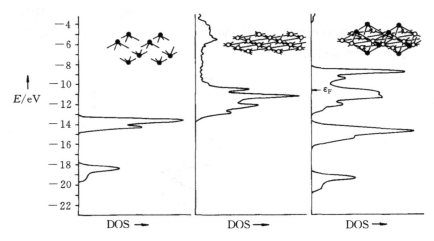

图 30*　P 亚晶格（左）、Mn 亚晶格（中间）和合成的 $Mn_2P_2^{2-}$ 层晶格（右）的总 DOS

这里再谈一些化学上的细节。层中每个 P 原子都处于不寻常的配位环境中，处于 Mn 原子四角锥的顶点。化学家发现孤对电子（图 46）伸出配体之外。理论上，我们可以通过关注它的方向性来发现孤对电子。P $3p_z$ 对这种孤对电子的贡献最大，因此我们来考察一下 p_z 对 DOS 的贡献（图 31*）。p_z 轨道确实是很定域化的，其 70% 位于约 -15 eV 处能带中。在这里，我们看到了孤对电子。

图 46

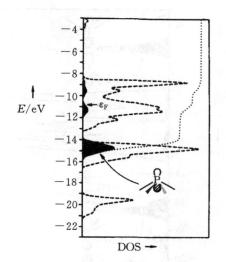

图 31*   P $3p_z$ 轨道对 $Mn_2P_2^{2-}$ 单层总 DOS(虚线)的贡献(黑色区域)
（点线是黑线的积分,标度为 0～100%）

这里可以指出的一点是,能量空间中的定域化(如我们看到的 P 的 p_z 投影)意味着实空间中的定域化。考虑这个问题的最简单的方法是回到本书开头的能带构造。晶体的分子轨道始终是完全离域化的 Bloch 函数。但是,所谓的对称性限制的离域(Bloch 函数的形成,几乎不重叠)与真实的化学离域(有晶胞之间的重叠)存在区别。前者产生窄带,后者产生高度发散带。反过来讲,窄带的存在是化学定域的标志,而宽带则意味着真实的离域。

现在来讨论三维固体。当二维 $Mn_2P_2^{2-}$ 层合在一起形成三维固体 ($Mn_2P_2^{2-}$,仍不考虑与之相反的正离子)时,每一层中的 P $3p_z$ 轨道或孤对电子与上层或下层中的相应轨道形成成键和反键组合。图 32* 显示

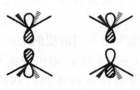

图 47

了层间 P–P 间距为 2.4 Å 时的 P $3p_z$ 态密度。-8～-12 eV 处的宽带是 Mn 3d,该金属带的上面和下面是 p 带,其中,P–P 的 σ 和 σ^* 组合(图 47)具有相当好的定域化,这些能带很窄,因为横向的 P–P 距离很长。

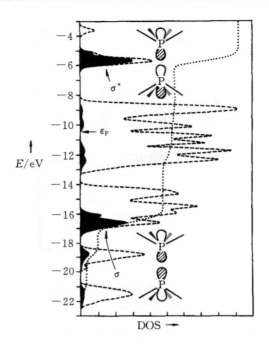

图 32* P 3p$_z$ 轨道对三维 Mn$_2$P$_2^{2-}$ 晶格总 DOS(虚线)的贡献(黑色区域)
(此处的 P–P 键长为 2.4 Å,点线为占有的 3p$_z$ 轨道的积分,标度 0～100%)

也许我们应该在这里停下来思考一下发生了什么。在固体中,每个原子轨道都有阿伏伽德罗数个能级,它们都是离域成键的,但是应用理论方法我们能够看到,那些键从能量上很大程度是定域的,像双原子分子轨道的键一样。能量的定域化确定了空间定域化的正确性,即化学键。

如果对不同的层间距或 P···P 距离重复进行三维计算,结果是定域的 P–P σ 和 σ* 带出现在不同的能量位置上。正如人们从成键和反键各自的性质所预测的那样,它们的间隔随着 P···P 间距的增大而减小。

我们现在可以简单地解释过渡金属对 P–P 间距的影响。当过渡金属向元素周期表的右侧移动时会发生什么? 随着核电荷的增加,它会被屏蔽得更不完全,而且 d 电子会被更紧密地束缚,因此 d 能带能量将下降并且变窄。同时,随着过渡序列向右移动,能带的填充电子会增加。平衡二者很复杂,但也很重要,图 48 显示了这一结果。有关细节请读者参阅 O.K.Andersen 的权威性著作[40]。

图 48 是金属物理学中最重要的一幅图，它的重要性等同于原子或双原子分子的电离势图。我们关注的部分在过渡系列的右侧，随着向右移动，费米能级降低，而金属的功函数增加。

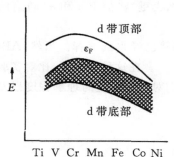

图 48

现在想象一下，对于一些典型的、中等成键强度的 P－P 间距，将 65 P－P σ 和 σ* 能带叠加在这个能量可变的"电子海洋"上，如图 49 所示。在过渡系列的中间，金属费米能级处于 P－P σ* 上方，σ 和 σ* 都被占据，因此不会产生 P－P 键。随着 P－P 的伸展，仅使 σ* 填充得更多。在过渡序列的右侧，P－P σ* 在金属的费米能级之上，因此未被填充。填充的 P－P σ 形成 P－P 键。缩短 P－P 间距只会加剧这种情况。

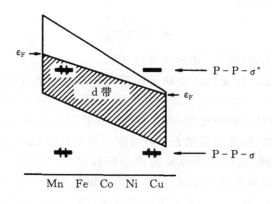

图 49

与不能用 Zintl 观点解释一样，P－P 距离稳定、逐渐的变化似乎与此处所述的分子轨道模型也不一致。但事实并非如此。如果我们考虑 P 原子与金属层之间的相互作用（而我们之前已经看到这种相互作用是很重要的），我们将得到 P 和 Mn 的混合轨道。上面图像的不连续性（要么单键要么无键）将被 P σ 和 σ* 轨道的电子在 2 和 0 之间的连续变化所取代。

实验观测到的趋势已经得到解释。当然，AB_2X_2 结构比我在这里介绍的要复杂得多[37,39]。在这种情况下，比对实验事实进行解释和预测更为重要的是，人们对这类问题的理解程度以及化学和物理观点之间的沟通。

前线轨道观点

从能带计算反推基本相互作用的分析工具已经具备。现在让我们讨论通过微扰理论来正向分析这个过程、轨道模型及其相互作用。从某种意义上说，我们已经在图 27、29 和图 26* 中使用了此方法，即我们在参与构建 Mn_2P_2 层时所用的想象构造法。

这是前线轨道的图像[11,41]。可以以相互作用的分子片或分子能级为起点，分析化学相互作用（在一个分子的两个部分之间）或化学反应（在两个分子之间）。我们使用的理论工具是微扰理论。对于二级微扰，两个体系之间的相互作用是 MO 的成对混合，并且每对相互作用都服从以下表达式：

$$\Delta E = \frac{|H_{ij}|^2}{E_i^0 - E_j^0}$$

正如相互作用图（图 50）中的波浪线所示。

可以根据所涉及的两个轨道中的电子总数对各个相互作用进行分类。因此图 51 中的①和②是双电子，③是四电子，④是零电子。①和②显然是稳定的（参见图 50 的右侧），在这里表示真正的成键，该成键介于共价键（轨道在能量上平衡且在空间内伸展）或配位键（相互作用的轨道不同，电荷从供体到受体的转移是成键的必要关联）之间。相互作用④没有直接的能量效应，因为成键组合未占有电子。相互作用③是排斥的，因为当计算中包括重叠时（图 52），反键组合能量的升高大于成键组合能量的降低，总能量大于分离的单个能级的能量[11]。

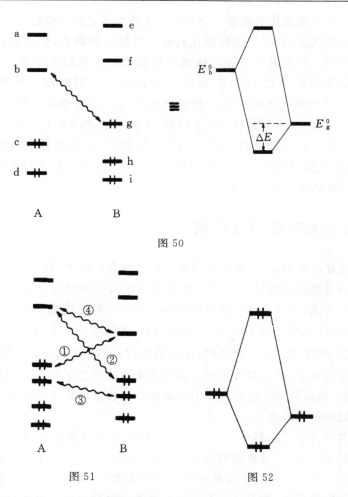

图 50

图 51   图 52

　　分子的电子轨道能级间隔约为 1 eV 级的能量,这使它们成为典型的量子体系,并且在选择几何构型或反应性时能使某些能级脱颖而出。例如,在图 50 中,与 $|h\rangle$ 和 $|i\rangle$ 相比,分子片 A 中的受体能级 $|b\rangle$ 在能量上与分子片 B 的供体能级 $|g\rangle$ 更接近。如果重叠 $\langle b|h\rangle$ 和 $\langle b|i\rangle$ 比 $\langle b|g\rangle$ 小得多,则微扰表达式的分子和分母都说明 b(A)–g(B) 相互作用是重要的,而且也许是最重要的。一般来说,最高占有分子轨道(HOMO)或更高激发态的几个轨道,以及最低空分子轨道(LUMO)或最低的几个空分子轨道主导着两个分子之间的相互作用。这些轨道被称为前线轨道,它们是分子的价轨道,是在分子的任意相互作用

68

中最容易受到微扰的轨道。分子的化学性质受它们的控制。

应该认识到，尽管这种描述具有非常好的解释力，但它仅仅是单电子模型。用多电子模型正确地分析轨道相互作用并不容易，图 51 的简单图像似乎已经失去意义。竞争相互作用或配分图像被提出[42]。要理解真正的多电子理论在分析相互作用中所遇到的问题，一种方法就是认识到，对于电子转移，A 和 B 的能级并不是不变的，它们根据电荷而改变能量：在分子片 A 和 B 上，正电荷使所有能级下降，而负电荷使之升高。意识到这一点，我们已经学会了对简单的单电子图像的最重要的修正。

表面上的轨道相互作用

现在清楚的是，态密度和晶体轨道重叠布居的工具已经为我们提供了一种通过重新建立前线轨道或相互作用图来研究分子与表面的成键的方式，或者三维扩展结构中原子或原子簇的成键方式。无论是与 $Ni(100)d_\pi$ 作用的 CO $2\pi^*$、与 $Pt(111)$ 能带某部分作用的 CR 的 e、$Mn_2P_2^{2-}$ 中的 Mn 和 P 亚晶格，还是后面讨论的 Chevrel 化合物，在所有这些情况下，我们都可以用定域行为来描述发生了什么。到目前为止，唯一新颖的特征就是固体中的相互作用轨道通常不是能量或空间中定域的单个轨道，而是能带。

离散分子之间和分子与表面之间的轨道相互作用可以通过相互比较揭示。图 53 是典型的分子相互作用图，图 54 是分子与表面相互作用图。即使一个分子通常是一个多能级体系，我们还是要根据前线轨道分析的原则，假设一小部分前线轨道占主导地位。这就是把象征相互作用的波浪线连在每个组分的 HOMO 和 LUMO 上的原因。

在单电子图像中，可以做出以下表述（除非特别指出，否则这些表述适用于分子和表面）。

（1）主导的相互作用可能是两轨道、两电子的稳定相互作用①和②。这些相互作用中的每一个能否发生从一个体系到另一个体系的电荷转移，取决于轨道的相对能量和重叠性质。在相互作用①中，A 是供体或碱，而 B 或表面是受体或酸。在相互作用②中，它们的角色相反。

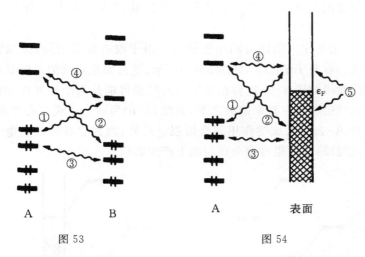

图 53 图 54

（2）相互作用③是一个两轨道、四电子的相互作用，如图 55（a）所示，它是去稳定化的、排斥的。在单电子理论中，这是发现空间效应以及孤对电子排斥等的作用[11,41]。这种相互作用可能很重要，它可能会阻止①和②的成键相互作用。这种相互作用有一种特殊情况，它可能在固体中发生，但不太可能在离散分子中发生。这在图 55（b）中进行了描述，即四电子、两轨道相互作用的反键成分可能会升至费米能级之上。在费米能级处溢出电子，从而使系统稳定。只有体系间的成键组合仍然保持被填充状态。

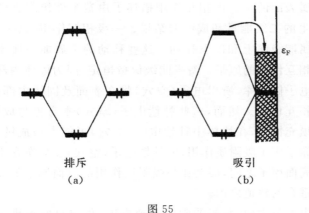

排斥 吸引
（a） （b）

图 55

这种情况促成的分子-表面的成键作用已经很清楚了，而表面内发生的情况却不太清楚。对该问题的讨论放至分析相互作用⑤时进行。

（3）相互作用④涉及两个空轨道。由于没有能量效应，故通常会被忽视。在分子情况下，如图 56（a）所示，这是完全正确的。但是在存在连续能级的固体中，这种相互作用的结果可能是两个相互作用能级之间的成键组合在费米能级之下，如图 56（b）所示。变成占有能级后，分子片 A-表面的成键作用将会增强。此外，因为它必须提供电子以填充该能级，所以很可能会在表面上产生影响。

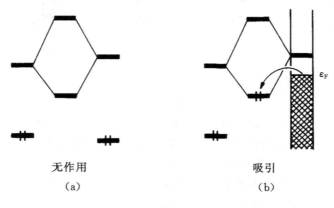

无作用　　　　　　　　　吸引

（a）　　　　　　　　　（b）

图 56

71　　　　（4）相互作用⑤是金属固体特有的作用，它源于产生一个近似连续体的金属表面的态。该相互作用描述了由费米能级附近的电子密度移动产生的二级能量和成键的结果。一级相互作用①、②、③和④都会使金属能级向上和向下移动。这些移动的金属能级属于表面上与吸附质相互作用的原子。费米能级保持恒定，因为固体内部和表面是良好的电子储存库，所以电子（空穴）将在表面及固体内部流动，以补偿一级相互作用。然而，这些补偿电子（空穴）本身也与成键有关。依照电子填充情况，在块体中补偿电子（空穴）可能参与成键或反键。虽然表面原子多于吸附质作用，但补偿电子（空穴）多分布在不与吸附质作用的表面原子之间，甚至在与吸附质作用的表面原子的那些不与分子化学键合的轨道之内。

　　　　在结束本节之前，我想非常明确地指出，我的同事和我在将相互作用图和微扰理论应用于表面的过程中几乎没有提出什么新颖的东西。A. B. Anderson 一直以这种语言进行自己的解释[43]，Shustorovich 和 Baetzold 也是如此[31,32]。Shustorovich 对化学吸附的解释是基于显微扰理论模型[44a]的。以 Grimley 的早期思想为基础[45]，Gadzuk 在工作中对这种模型进行了非常好的化学化的处理[44]。van Santen 绘制的相互作用图和我们的非常相似[46a]。最近，Lowe 明确地讨论了前线晶体轨道[46b]，Fujimoto 将有趣的相互作用轨道概念扩展到了表面[46c]。Salem 及其同事基于考虑催化的方法指出了相关的微扰理论，其中包括有限 Hückel 晶体模型、特许轨道、广义相互作用图，以及将吸附质溶解到催化剂能带中的讨论[47]。其他学者也讨论了相互作用图、特许轨道组或固体中的轨道对称性问题[48]。

让我们通过一些特定的应用使这些相互作用和相互作用图更加生动。

案例研究：Ni(100)晶面上的 CO 吸附

前文已讨论过的 Ni(100)- CO 体系为我们提供了一个两电子相互作用占主要地位的杰出案例[26]。我们发现了 CO 5σ 轨道的电荷转移（该轨道电荷数从游离 CO 的 2.0 降低到表面配位 CO 的 1.62）及表面到 $2\pi^*$ 轨道的反向供电子（该布居从 0 上升到 0.74）。事实上，在上小节第 3 点中提到的四电子相互作用以及零电子相互作用中，可提出一个有意思的好主意。

为了给即将讨论的问题设定一个基础，我们来建立一个模型分子体系作为参照。我们将在 $d^6 ML_5$ 体系与 CO 分子间建立金属-羰基键。化学家对于其相互作用图（图 57）应是熟悉的：低能级的 dsp 杂化使 ML_n 分子片具有受体功能[11,49]。两电子键合相互作用十分显而易见，这导致 5σ 轨道电荷数减少了 0.41，而 $2\pi^*$ 轨道的电荷数上升了0.51（其中 M 为 Ni，L 为 H^-，M - H 键长为 1.7 Å，M - CO 键长为 1.9 Å）。涉及这些相互作用的金属轨道波函数也会发生相应的改变：xz 和 yz 轨道将失去 0.48 个电子，而杂化轨道将得到 0.48 个。最后，CO 分子整体得到了 0.01 个电子，ML_n 分子片失去了等量的电子，通过对以上轨道电荷变化汇总，就可以很好地表达出电荷偏离的净值，详细信息见表 2。

72

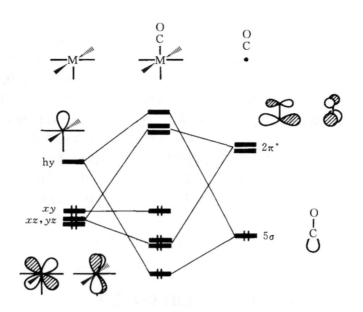

图 57

[译者注：hy 表示杂化轨道(hybrid)，这里是 s 和 z^2 的杂化，
Elian M，Magnard M，Chen L，et al. Inor Chem 1976，15：1148]

表 2　H_5NiCO^- 模型与 $c(2\times2)CO-Ni(100)$ 体系的部分电子密度

	NiH_5^-	$NiH_5(CO)^-$	CO		Ni(100)	$c(2\times2)CO-Ni(100)$	CO
5σ	—	1.59	2.0	5σ	—	1.62	2.0
$2\pi^*$	—	0.51	0.0	$2\pi^*$	—	0.74	0.0
hy	0.0	0.48	—	d_σ[a]	1.93	1.43	—
d_π	4.0	3.52	—	d_π[a]	3.81	3.31	—
CO	—	10.01	10.0	CO	—	10.25	10.0
H_5Ni	16.0	15.99	—	Ni[a]	10.17[b]	9.37	—

[a] CO 吸附后的表面原子；

[b] 数值不为 10.0 的原因是板的表面层相对于内层是负的。

　　如果只看 CO，表面所发生的变化似乎与上述情况雷同。在 $c(2\times 2)CO-Ni(100)$ 体系中，d_π 的 xy 和 yz 轨道的电子减少。而 z^2 轨道杂化的表面类似物 d_σ 轨道在 CO 分子化学吸附下电子密度降低。

在这个过程中，CO 分子的 5σ 轨道和整个 z^2 能带发生相互作用，但可能更多是与 z^2 的底端发生相互作用，因为在这里发生的交叉重叠会更大。z^2 几乎被填满（在金属板中为 1.93e）。$5\sigma - d_\sigma$ 的净能带相互作用理应是相互排斥的，主要是由于四电子、两轨道相互作用，但事实并非如此，原因在于一些反键轨道被推向了费米能级之上（见图 58），总的结果是一定程度的 z^2 电子密度降低并伴随着成键[50]。

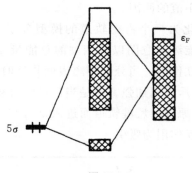

图 58

那些"失去"的电子去哪里了？从表 2 可知部分电子流向了 CO 分子，当然并不是所有。很多在费米能级处被"扔进"了以内部金属原子或未吸附 CO 分子的表面金属原子的 d 能带为主的轨道中。稍后我们再讨论这些电子以及第⑤种相互作用的成键结果。

结束这个经典案例前，有一点不能忽略，无论是在分子中还是在表面上，主要的键合作用①和②都是非常相似的。当然，这些正、反向供电子是乙烯（或其他物质）键合有机金属分子的经典 Dewar-Chatt-Duncanson 模型的结果[51]。在表面的情况下，通常称之为 Blyholder 模型，参考的则是之前 CO 分子与表面键合作用的有洞察力的意见[41b]。更为普遍地说，相互作用①和②是团簇-表面同类物基础的电子根源。这对从结构、光谱学、热力学上将有机金属化学与表面科学联系起来非常有用[52a]。

如果读者想对有机金属分子及其与表面相互作用的结构、键合及反应活性进行更深入的学习和比较，请查看 Albert 和 Yates 最近的著作[52b]。

化学吸附能垒

　　并非偶然的是,原本排斥的两轨道、四电子相互作用,在能量上升的电子被扔到了费米能级后,变成一种吸引的键合力。我认为,这正是观察到化学吸附的动力学能垒,以及一个分子靠近表面时可能存在几个独立的势能极小值的原因。

　　现在思考被简化为一个占据轨道的模型分子靠近表面的情况。图 33 *给出了一些能级示意图以及相关的总能量曲线。靠近表面的进程体现了电子相互作用。当分子距离表面较远时只有排斥作用,随着分子靠近表面,排斥作用加强。但是当反键组合被推到了费米能级之上时,电子会离开原有的反键轨道而进入富含空穴态的金属能带空能级。进一步的相互作用为吸引。

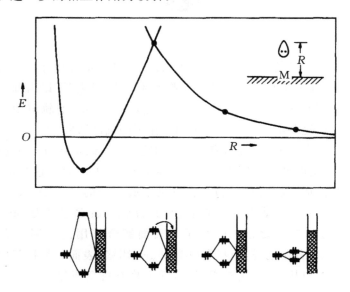

　　图 33 *　　能级相互作用(下方)形成具有巨大化学吸附能垒的势能曲线(上方)的
示意图
(R 表示分子到表面的距离,分子表示为一对与表面相互作用的电子对。在 R
较大时,四电子排斥相互作用占主导;在某一个 R(左起第二个点处)时,反键组
合开始越过费米能级并溢出电子。在 R 更小时可成键)

据我所知,图 33* 这幅简图是由 E. L. Garfunkel、C. Minot 和他们的同事首次提出的[53]。实际上,当金属与分子的吸附距离较大时,它们之间的排斥力将被削弱,且在某些情况下,它可以被①型和②型两电子作用的相互吸引力所克服(见图 54)。但我认为,这种相互作用的存在是非常普遍的。在我看来,这是 S. T. Ceyer、R. J. Madix 及同事们在精细的光束实验中测得较大 CO 化学吸附及 CH_4 分解动力学能垒的形成原因[54]。

事实上,我们这里描述的是一个势能面交叉的情况。但可能不是一个,而是多个这样的势能面交叉,因为往往不只是一个而是很多组能级都被"推向"了费米能级之上。在分子靠近表面的过程中,还可能会出现一些亚稳态的极小值作为前驱态[55]。

在本节中我第二次提到,费米能级处的空轨道产生成键,分子轨道在吸附质与表面间离域,同时也产生两者之间的反键。Salahub[50]和 A. B. Anderson[56a]在文章中强调了这种作用,Harris 和 Anderson 的另一个工作也是如此[56b]。此外,这种现象与前一段时间 Mango 和 Schachtschneider[57]所提出的巧妙的猜想密切相关:金属原子(含配体)能够降低禁阻协同反应中的活化能垒。他们指出,这些电子没有转移到高能级的反键轨道之中,而是向金属发生转移。我们和其他人对一些具体的金属有机反应进行了研究,例如还原消去反应,得到了这类催化的细节[58]。这是一个非常普遍的现象,我们将在后面的小节中再次讨论它。

化学吸附是一种折中

让我们再次回到基本的分子-表面相互作用(图 59),并详细地绘制出每个组分内的成键。分子 A 中的被占据轨道在分子内部通常是成键或者非键的,而 A 的空轨道通常形成反键轨道。而对于金属来说,情况取决于能带中费米能级所处的位置:其中 d 带的底部是金属-金属成键,顶端是金属-金属反键。这正是过渡金属的内聚能会在过渡区的中间位置附近达到最大值的原因。大多数具有催化效果的金属都是在过渡区的中间或者右边区域。由此可知,在费米能级上,轨道通常是形成金属-金属反键的。

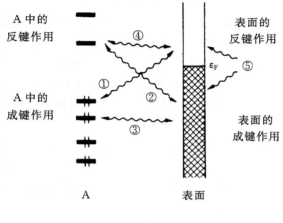

图 59

多种相互作用对吸附质与表面内和它们之间的成键的影响是什么呢？作用①和②最容易分析，它们将分子与表面结合，并且在该过程中，电子密度通常从一种组分的成键轨道转移到另一种组分的反键轨道。最终结果是吸附分子 A 与表面发生成键，但使表面内部和 A 内部的成键作用变弱（图 60）。

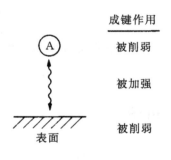

图 60

在示意图 60 中表明了作用①与②，那么作用③和④的影响又如何呢？对于温和的相互作用，③是相互排斥的，而④不起作用。因而其对分子 A 内部及表面内部的成键都不会产生影响。当相互作用变强时，反键（③）或是成键（④）状态将可能超过费米能级，这些相互作用将提供分子-表面成键。同时，这将削弱 A 内的成键，将电子密度从成键轨道转移到反键轨道。强相互作用类型③、④，或更普遍的二级电子转移类型⑤，对于表面内的成键的影响取决于费米能级的位置以及净电子偏移。

这些相互作用的总和依然如图 60 所示，**以牺牲金属、被吸附分子自身的成键为代价实现了金属-吸附质成键**。这便是本节标题中所提到的折中。

接下来一个详细的案例将会进一步说明这一点，并且展示如何从这个非常简单的概念得到一个重要结果。之前我们在图 25 中对于覆盖度为 1/4 的单层乙炔吸附于 Pt(111)晶面绘制了四种可能的几何结构。表 3 展示出了这四种可能的几何结构的一些相互作用指数，尤其是这四种乙炔分子轨道（π、π_σ、π_σ^*、π^*）的占据情况、不同的重叠布居以及计算得到的结合能。

表 3　Pt(111)面上的若干乙炔吸附位点的成键性质

成键性质		C_2H_2	裸露表面				
结合能[a]/eV				3.56	4.68	4.74	4.46
重叠布居	C－C	1.70		1.41	1.32	1.21	1.08
	$Pt_1－Pt_2$		0.14	0.12	0.08	0.09	－0.02
	$Pt_2－Pt_3$		0.14	0.14	0.13	0.07	0.06
	$Pt_1－Pt_4$		0.14	0.13	0.13	0.15	0.06
	$Pt_1－C$[b]			0.30	0.54	0.52	0.33
	$Pt_3－C$			0.00	0.01	0.19	0.27
占据	π^*	0.0		0.08	0.17	0.33	0.53
	π_σ^*	0.0		0.81	1.06	1.03	0.89
	π_σ	2.0		1.73	1.59	1.59	1.57
	π	2.0		1.96	1.96	1.73	1.53

[a] 通过下式得到：E（板）$+E(C_2H_2)-E$（几何结构），单位 eV。

[b] 此处的碳原子为最靠近我们所考察的铂原子的碳原子。

图 25(c)中的三重桥位几何结构是有利的,这和实验及其他理论结果一致[29]。有人应该会立刻反驳道:这可能只是一个偶然,因为扩展的 Hückel 方法不是特别适用于预测结合能的大小。图 25(b)的二重位点以及图 25(d)的四重位点的束缚力会稍微弱一些,但比图 25(a)的一重位点稳定。然而,稳定性的顺序并不是相互作用程度的反映。下面让我们看看如何以及为何是这样的。

相互作用的量级可以通过查看乙炔分子轨道布居或重叠布居来衡量。在前面章节对二重位点的详细讨论中我们发现,π 及 π^* 轨道是几乎不受影响的,π_σ 布居降低,而 π_σ^* 被占据。因此,Pt–C 键形成,而 C–C 键被削弱,并且一些在表面上的 Pt–Pt 键也被弱化(相互作用⑤)。观察表 3[29]中的分子轨道布居及重叠布居,值得注意的是 π 和 π^* 轨道很大程度地参与了,所有的这些都更多发生在图 25(d)所示的四重位点结构中。此处最有效的相互作用如图 61 所示,请注意,这里主要是第④种相互作用。

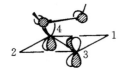

图 61

无论采用何种方式来度量,当处于顶位或是一重几何结构时,其相互作用是最小的,而四重几何结构的相互作用是最大的。例如,C–C 键重叠布居或 Pt–Pt 键的弱化趋势。在四重几何结构中,有一个 Pt–Pt 重叠布居甚至是负的,这说明表面金属原子间的成键已经被破坏。可以清楚地知道,化学吸附的有利条件或碳氢化合物分子对于具体表面位点的倾向性,是由表面-吸附质键合作用的增强与表面及被吸附分子内部键合的弱化之间的平衡所决定的。

吸附质诱导的表面重构及解离化学吸附只不过是这个微妙平衡的两个自然极端情况。在这两种情况中,强烈的表面-吸附质相互作用控制着其转换的过程,使表面的成键断裂而发生表面重构,或使被吸附的分子断裂[59]。对于后面这种情况,A. B. Anderson 对乙炔在铁及钒的表面上出现的这种情况进行了深入的讨论[60]。

三维扩展结构中的前线轨道

前线轨道的思维方法在固态中尤其是受体-供体相互作用中具有重要的作用。在这里我们举例说明。

Chevrel 相是一类非常有意思的三元硫族钼化物材料,它具有可变的维度及有趣的物理性质[61]。在一个被记为 $PbMo_6S_8$ 的母相中,有着可辨别的 Mo_6S_8 簇。图 62 展示了三个这种簇,其中硫原子覆盖在钼原子所形成的八面体的八个面上,随后这个 Mo_6S_8 簇被嵌入到铅立方体的一个子结构中(这是对这种结构的想象构造!),正如图 63 所示。但是这种结构不能被一直保持在这里,在每一个立方晶胞中,Mo_6S_8 簇都会围绕着一个立方体的对角线旋转约 $26°$,从而得到图 64 所示的结构(为了清楚起见,铅在这幅图中被省去)。

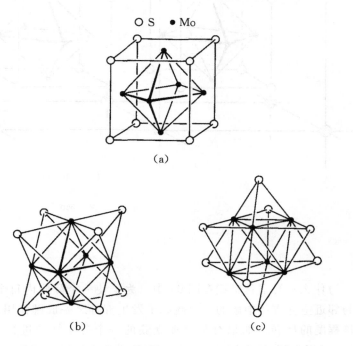

○ S   ● Mo

(a)

(b)   (c)

图 62

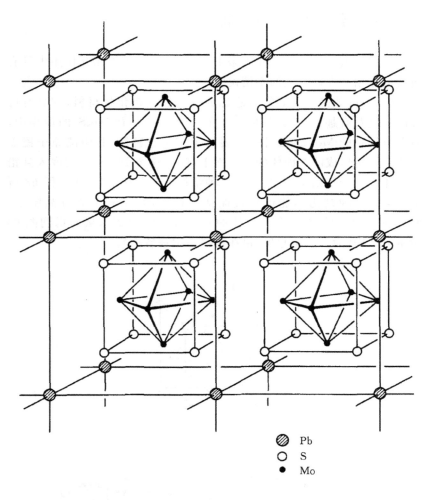

Pb
S
Mo

图 63

80　　　为什么？答案就暗藏在图 64 中。为了使一个晶胞内每个 Mo 原子与邻近空立方体中簇的一个硫原子发生五分之一成键作用，大致需要该程度的旋转。如果对某个孤立簇的一个分子轨道进行计算（图 34*），可以发现，这个簇的五个最低空轨道远离钼原子向外伸展，希望得到相邻硫原子的电子密度[62,63a]。

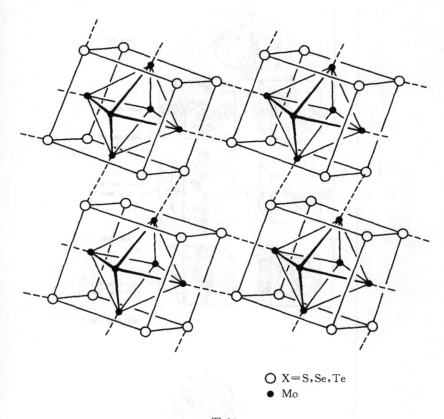

○ X＝S,Se,Te
● Mo

图 64

　　这种材料的结构是由供体-受体相互作用所驱动的,因此它也适用于 $In_3Mo_{15}Se_{19}$ 和 $K_2Mo_9S_{11}$,它们分别包含了 $Mo_{12}X_{14}$ 和 Mo_9X_{11} 簇,详情见图 65[61]。分别对这些簇进行分子轨道计算,结果表明,主要的低能级分子轨道被指向远离末端的钼原子,正如图 65 中虚线所示[63a]。这也就解释了这些簇是如何在它们各自的固态结构中相互连接以及聚集的。

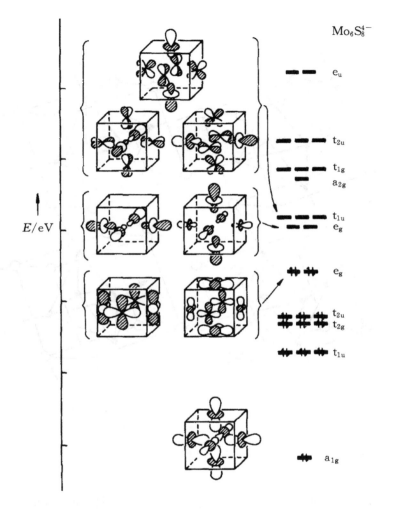

图 34* Mo₆S₈⁴⁻ 簇的前线轨道以及一些被挑选轨道的简图
(最低的 a_{1g} 和更高的 e_g、t_{1u} 轨道具有重要的定域 z^2 轨道性质,如向"外"伸展)

  这种晶体结构的供体-受体分析表明,如果我们想"溶解"这些簇成为离散的分子实体,必须提供一个可替代的比分子本身更好的供体碱。只有那样,我们才能得到离散的 $Mo_6S_8 \cdot L_6^q$ 配合物[63b]。

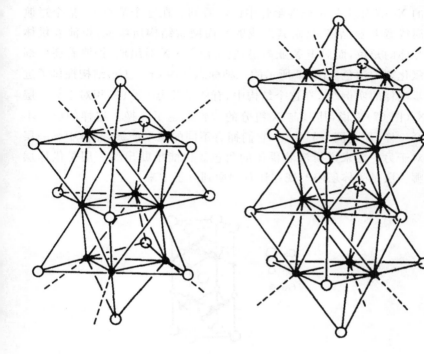

图 65

应用我们所知道的知识从图 34* 中还可以很容易地得到另外一个结论：当这些簇被组装入图 64 所示的晶格中后，图 34* 中的五个 LUMO 能级将会被其与相邻立方体中硫原子的相互作用推向更高。所有簇能级将会伸展形成能带。那么 HOMO 能带将会变宽还是变窄呢？那些能带是至关重要的，因为如果你统计 $PbMo_6S_8$ 的电子就会发现，每个 Mo_6S_8 簇共有 22 个电子，图 34* 中的顶部能级出现了半充满。再次观察图 34* 可以发现，我们讨论的 e_g 对称能级是由 Mo 的 d 函数组成的，这些 d 函数相对于 Mo - S 外轴是成 δ 型的。将相邻晶胞考虑进来对能带不会造成太大的离散。最后的结果是在费米能级处具有密集的 DOS 分布，这是超导性所需要具备的几个条件之一—[64]。

在固态的供体-受体体系中不同之处在于供体或者受体不需要是一个离散的分子，正如在 Chevrel 类物质中，一个 Mo_6S_8 簇是接着另一个 Mo_6S_8 簇的。相反地，电子还可以从一种结构中的一个亚晶格或者一种组分转移到另一个。这一点我们从前文对 AB_2X_2 型 $ThCr_2Si_2$ 结

82

构的 X···X 距离的可调性解释中已经看到。在这个解释中，整个过渡金属或者 B 亚晶格，是由其形成的平面网状结构所组成，扮演着供体或受体的角色，而对于 X 亚晶格，它是由 X···X 对组成，扮演着还原剂或氧化剂的角色。图 66 所示的一种标志性的 $CaBe_2Ge_2$ 结构提供了进一步阐释的实例[65]，在这个结构中，有些 B_2X_2 层（图 68）相对于另一层 B_2X_2（图 67）来说，其 B 与 X 组分的位置发生了互换。这样的层并不完全一样，而是同分异构体，它们拥有不同的费米能级，晶体中某一层相对于另一层来说扮演着供体的角色。你能推断出哪一层是供体层而哪一层是受体层吗？现在让我们回到分子中来。

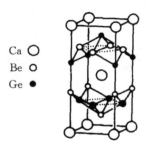

图 66

图 67

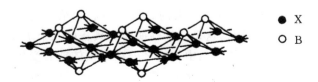

图 68

晶胞中的多电子单元，能带重叠

你还记得美丽的铂化物堆叠吗？它还没有完全失去作为案例教学模型的作用。氧化的铂化物不是堆叠排列的[图 69(a)]，而是交错排列的[图 69(b)]。多烯并不是图 70(a)所示的一个简单的线型链，而至少是图 70(b)所示的 s 反式结构的锯齿状，或者也可能是图 70(c)所示的 s 顺式结构。显而易见，它们还可能有其他可行的排列。确实，大自然似乎总能创造一些我们没有想到的东西。

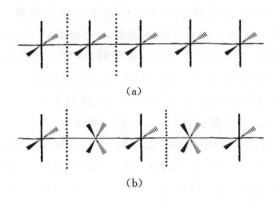

(a)

(b)

图 69

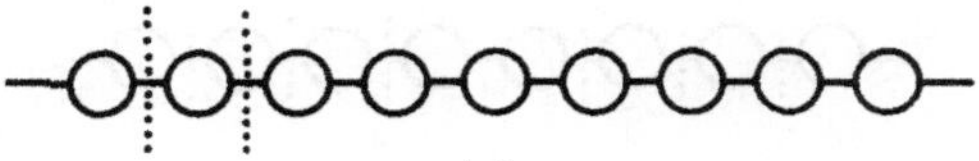

(a)

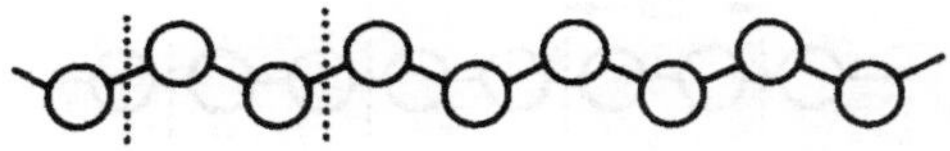

(b)

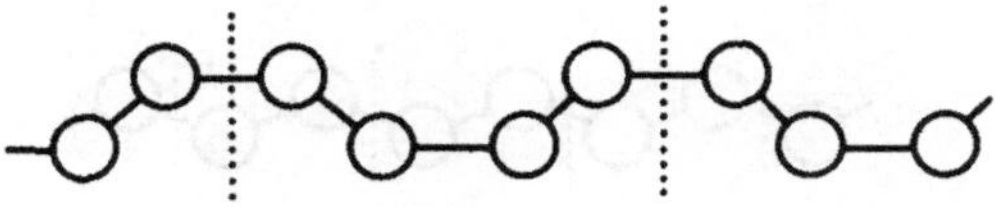

(c)

图 70

在图 69(a)和图 70(a)中，一个晶胞里包含了一个基本的电子单元，分别是 PtH_4^{2-} 和 CH 单体。在图 69(b)和图 70(b)中，电子单元变成了之前的两倍，晶胞维度大约也变成了两倍，化学组成也刚好增加一倍。在图 70(c)中，每个晶胞包含了四个 CH 电子单元。物理学家可能会说，(电子单元加倍后)其中新加的每一个单元都是相对于它自身一个新的个体单元。而化学家可能会说，无论是两倍、四倍，甚至变成单一晶胞所包含电子单元的十七倍，它们可能都不会发生太多改变。如果说被重复叠加的电子基本单元发生的几何结构畸变不大，那么这些电子单元的所有电子特性是有可能被保留下来的。

能带结构中能带的数量和晶胞中分子轨道的数量是一样的，因此，如果晶胞中容纳了相对于原始晶胞十七倍的原子，那么它也将会拥有相对于原始能带结构十七倍的能带数，能带结构看起来可能会比较混乱。化学家认为，十七聚体对基本电子单元来说是一个很小的扰动，这一点可被用来简化复杂的计算。让我们来看一下是如何简化的。首先考虑的是多烯链，然后是 PtH_4^{2-} 聚合物。

图 70(a)、(b)、(c)中构型彼此不同，不仅晶胞中 CH 单体数不同，而且它们的几何结构也是不同的，现在让我们逐一来进行分析。首先，通过使晶胞加倍来完成图 70(a)到图 70(b)的转变，随后再施加一定的扰动，这些变化的顺序如图 71 所示。

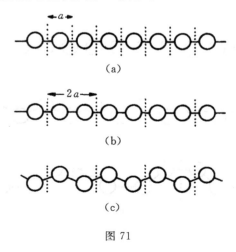

图 71

假设我们通过标准方法构造了图 71(b)所示的双倍晶胞聚合体的轨道：①获得晶胞中的分子轨道；②从这些分子轨道中构造 Bloch 函数。在晶胞内，二聚体的分子轨道是图 72 所示的 π 和 π*，这些分子轨道中的每一个都可以展开形成一个能带，其中 π 轨道形成的能带将"向上走"，而 π* 轨道形成的能带将"向下走"，如图 73 所示。图中详细画出了区域边界的轨道，这就使得我们可以看到，π 带顶部和 π* 带底部都经过 $k = \dfrac{\pi}{2a}$ 处，且是严格简并的。这种多烯中没有键的相互交替，并且这两个轨道可以通过不同的方式构造。但是，它们明显具有相同的波节结构，即每两个中心具有一个波节。

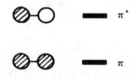

图 72

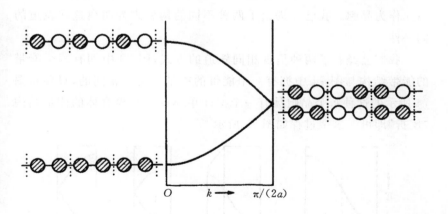

图 73

如果我们先暂时搁置上面所讨论的观点，从里面脱离出来，回到以前我们所讨论过的情况，构造出图 71(a)所示的每个晶胞中只有一个 CH 单体所形成的线型链的分子轨道，我们就可以得到图 74。图

71(b)(或图 73)中的布里渊区长度只有这里的一半，因为其晶胞是此处晶胞的两倍。

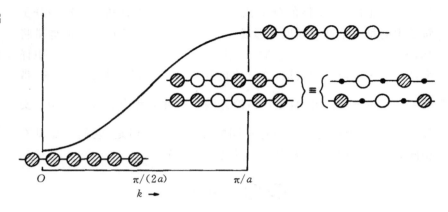

图 74

这时我们一定能意识到，这些聚合体的分子轨道是一样的。事实上这些聚合体也是完全一样的，只是一些特殊的巧合使得我们在一种情况中选择一个 CH 单元作为晶胞，而在另一种情况下选择两个 CH 单元作为晶胞。我已经提出了两种不同的构型来弄明白这些轨道的同一性。

我们已经有了两种呈现相同轨道的方式，图 73 中拥有两个能带的能带结构与图 74 中拥有一个能带的能带结构是相同的，只要将图 74 所示的这种每个晶胞具有一个 CH 单体的最小聚合体的能带结构"反折"即可。这个过程如图 75 所示[66]。

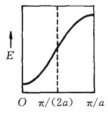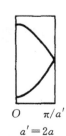

图 75

图 75 所示的过程是可以持续进行下去的。如当晶胞增加到三倍，其能带结构将会如图 76(a) 所示折叠。当晶胞增到了四倍，我们可以得到图 76(b) 所示被折叠的能带结构，依此类推。然而，所有这些的关键不是数量上的重复，而是通过不同的方式来看待相同的东西。这种能带结构的折叠有两个重要的结论或应用。第一，如果一个晶胞中包含了不止一个电子单元（这种情况时常发生），那么在意识到这一事实以后，随着能带数增加［牢记图 74→73→76(a)→76(b) 的变化过程］将使得化学家可以按照他们的想法来简化分析。能带数的倍增是晶胞放大的结果。我们的想法是在模型计算中，通过解折叠方法实现折叠过程的逆过程，这样就能追溯到最基本的电子行为，即真正的单体。

87

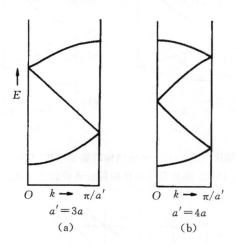

图 76

为了说明这一点，让我来展示图 69(b) 中交错排列的 PtH_4^{2-} 链的能带结构，见图 35*(a)。在这个范围内它的能带数是重叠单体结构的两倍（xy 带是二重简并的）。毫不意外，因为交错排列的聚合体晶胞是 $[PtH_4^{2-}]_2$。我们可以将图 35* 理解为一个小的扰动发生在重叠结构的聚合体上，想象一下这个可能的过程，如图 77(a)→(b)→(c) 所示，即首先在重叠结构聚合体上发生了晶胞的加倍，然后其围绕着 z 轴每隔一个单元旋转 45°。

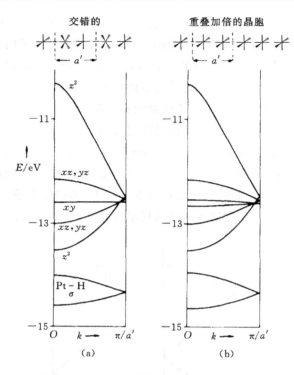

图 35* 交错排列的 PtH_4^{2-} 堆叠结构的能带结构(左)和一个晶胞中有两个 PtH_4^{2-} 单体且重叠排列的折叠后的能带结构(右)

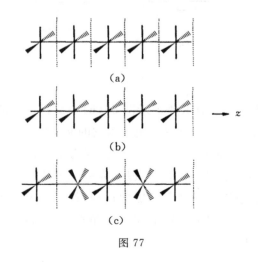

图 77

从图 77(a)到图 77(b)是很简单的，只是一个简单的反折过程，结果见图 35*(b)。可以看出，图 35*(a)和(b)是几乎相同的，只是 xy 能带存在较小的差别，即在能带反折的重叠结构聚合体中发生了加倍，因而是非简并的［图 35*(b)］，而在交错结构聚合体中是简并的。在这里出现的上述情况可以通过两种方式来阐释，但均是图 77(b)和(c)之间出现真实旋转这一事实的结果。从群论的观点来看，交错的聚合体拥有新的、更高的对称性元素，也就是八重旋转反射轴。更高的对称性意味着更多的简并，因而从图 78 中可以很容易看出这两种组合是简并的。

图 78

除了这个小小的区别以外，发生反折的重叠结构聚合体与交错结构聚合体的能带结构是非常相似的。这样我们就可以通过反推这个结构来弄清楚交错结构聚合体，即利用在重叠结构聚合体上添加一个每隔一个结构单元发生旋转的小扰动来完成。

化学家的直觉是重叠结构聚合体和交错结构聚合体不可能有太大的差异，至少是在配体之间没有发生碰撞时。反过来说，如果有这种空间位阻效应存在，也将会产生更多的直觉判断。此时，它们的能带结构可能是不一样的，因为在晶胞中一种聚合体具有一个基本电子单元，而另一种具有两个基本电子单元。然而，从化学的角度来看，它们应该是相似的，这一点我们可以通过从倒易空间回到实空间看出。图 36* 比较了交错结构聚合体与重叠结构聚合体的态密度分布，可以看出它们的能级分布是多么的相似。

此外，熟悉这个能带结构折叠过程的另一个原因是，反折的能带构造可能是理解具有重要化学意义的聚合体结构畸变的必要条件。为了说明这一点，我们回到图 71 所示的多烯结构，我们知道多烯从图 71(a)(线型链，每个晶胞中含有一个 CH 单体)到图 71(b)(线型链，每个晶胞中含有两个 CH 单体)的转变没有涉及晶格畸变。然而，图 71(b) 只是一个中间点，是为了图 71(c)中给出一个真正的扰动以形成更真实的"扭曲"链做准备。如果想要理解图 71(c)中的能级结构,我们必须一步一步来分析图 71(a)→图 71(b)→图 71(c)这个转变过程。

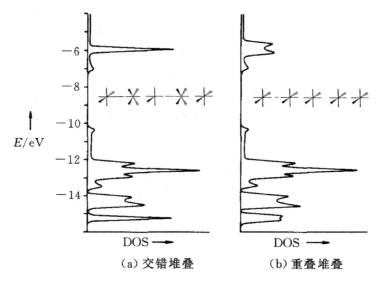

图 36* PtH$_4^{2-}$ 交错堆叠与重叠堆叠的 DOS 对比图

当然,在从图 71(a)、71(b)到图 71(c)这个过程中,聚合体的 π 能带体系没有发生什么变化。如果最小的间距始终保持不变,那么第一个真实的变化便是 1−3 相互作用[1]。这些相互作用在多烯结构中不会太大,因为当穿过成键区域后 π 重叠程度会很快减小。我们可以记下能带中一些特定的点并猜测它们将会发生什么变化,从而来确定形成的 1−3 相互作用是起稳定化作用还是去稳定化作用,如图 79 所示。当然,在一个真实的 CH 聚合体中,这种弯曲变形是很重要的,但与 π 体系毫无关系,而是张力作用的结果。

然而,有另外一种畸变是多烯可以发生且确实会发生的,这便是双键定域化,一个典型的例子就是著名的 Peierls 畸变,即 Jahn-Teller 效应的固态类似物。

---

①注者注:1−3 相互作用指链状分子的第 1 和第 3 个原子间的相互作用,即隔开一个原子的次近邻相互作用。

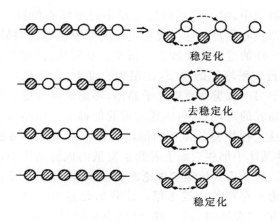

稳定化

去稳定化

稳定化

图 79

晶体成键

当化学家看到一个分子结构且其中包含了几个自由基以及具有未成对电子的分子轨道时,他们更倾向于预测该结构将会经历几何结构的改变,这个过程中孤电子将会发生配对并成键。这个推论非常显而易见,以至于几乎是潜意识默认的,而正是这一点支持着化学家的直觉判断,也就是氢原子链将会坍塌为氢分子链。

如果我们将那种直觉判断转换成分子轨道图,可以得到图 80(a),它是一组(这里有六个)自由基形成的键。这个成键的过程和图 80(b)中 H_2 分子相似,即在每一个键形成的过程中都会有一个能级下降、一个能级上升,然后两个电子通过占据能量低的成键轨道而被稳定化。

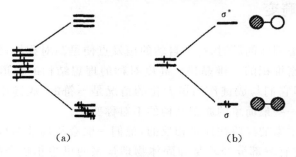

(a)　　　　　　(b)

图 80

在固体物理中,键的形成问题已经不占据核心位置了,但在化学中它依然占据核心位置。这一现象出现的原因也是很明显的:固体物理中最令人关注的进展主要涉及金属及合金领域,而对于这些通常是密堆积或者近似密堆积的物质,在很大程度上,化学观点似乎是无关紧要的。对于另一大类物质即离子晶体,考虑这些成键似乎也是没有意义的。然而我的观点是,包括通常被我们称为金属晶体、共价晶体、离子晶体的这三种类型晶体在内的晶体内都存在一些成键作用。事实上,在这些晶体中那些表面上看起来发散的成键结构中也存在大量的轨道重叠。我认为共价键的理论方法是核心,而我将通过它寻找那些其他人认为不存在的成键作用。让我如此有勇气的一个理由可能是其他理论方法(金属键、离子键)已经有它们自己的一片天,为什么不给共价键一个机会呢? 另一个理由是在思考和谈及晶体中的成键作用时,将其与分子化学联系起来理论上是很有价值的,这在前面已经提到过。

为了回到对分子和固态成键的讨论上来,我们先从本节开始讲的简单化学图表来探讨。图 80 所暗含的指导规则是要使成键作用最大化,但是事实上成键过程可能会遇到一些阻碍因素。其中一个因素便是电子排斥,另一个是空间位阻效应,即两个自由基无法到达彼此的成键距离范围内。很明显,真正的稳定态是这些因素的一个折中。一些成键可能不得不被弱化从而使一些其他的成键作用加强。但是,通常来说,体系会发生畸变,以便使自由基间键合。亦或是转换成态密度的语言,即固体中成键作用的最大化与费米能级处态密度的降低、成键态向低能级方向移动以及反键态向高能级方向移动息息相关。

Peierls 畸变

在考虑固体问题时,一个自然的出发点便是高对称性,即线型链、立方或最密堆积的三维晶格。高度对称的理想结构的轨道是很容易得到的,但它们与成键作用最大化的情况是不符的,成键作用最大化对应的是一些最简单的原型结构的不对称变形。

而化学家的经验往往是相反的,他们一般会从局部结构开始。但是,我们也有一部分经验是和固体物理学家的思想相吻合的,这就是Jahn-Teller 效应[67],这里有必要通过一个简单的例子来介绍它的原理。

具有平面正方形结构的环丁二烯的 Hückel π 分子轨道是非常出名的，如图 81 所示，是从上到下以"一二一"形式分布的一组轨道。这是一种典型的 Jahn-Teller 情况，即两个电子在一个简并轨道中（当然，我们需要思考由这两个电子占据后所引起的各种状态的变化，并且 Jahn-Teller 原理确实只适用于这一种状态[67]）。Jahn-Teller 原理指出，这样一种情形会形成一种很强的振动及电子运动之间的相互作用，并且至少存在一种能打破这种简并性的简谐振动模式，从而降低体系的能量（当然，也降低了其对称性）。此外，Jahn-Teller 原理甚至还详细说明了哪些振动模式将可能满足这种情况。

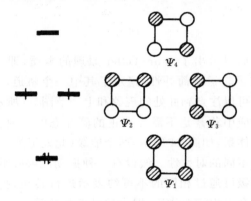

图 81

在这个例子中，最有效的简谐振动模式如图 82 所示。从 D_{4h} 到 D_{2h} 的转换降低其对称性，用化学的语言来说就是使双键定域化。

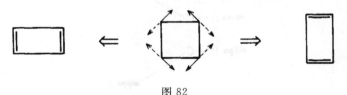

图 82

这种 Jahn-Teller 畸变对轨道的作用是很容易看出来的。在图 83 中，Ψ_2 是被稳定化的：通过这种畸变，在正方形中成键的 1－2 和 3－4 相互作用被增强，而成反键作用的 1－4 和 2－3 相互作用会被减弱。而 Ψ_3 恰恰相反，通过图中右侧的畸变，它将被去稳定化。如果发生反向振动，如图 82 或 83 的左侧图所示，那么此时 Ψ_3 是被稳定化的，而 Ψ_2 是去稳定化的。

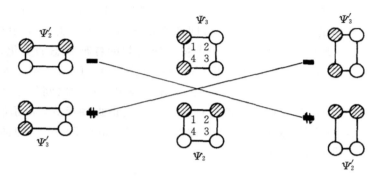

图 83

在这里我们揭示出了 Jahn-Teller 原理的本质，即一种对称性降低的畸变打破了轨道的简并性，稳定了其中一个轨道，而使另一个轨道去稳定化。可以注意到此处的现象和上一节图 80 所示是一致的。

从这种效应中获益是不需要真正的简并态的。现在考虑一个非简并的双能级体系，如图 84 所示，两个能级（此处记为 A、B）具有相同的几何结构和不同的对称性。假设有一种振动能够降低对称性，从而使得这两个能级可通过相同的不可约表示进行转换，把它记为 C，这样的话它们将会发生相互作用、混合以及互相排斥。对于两电子作用来说，体系将会被稳定化，这种效应的专业名称是二级 Jahn-Teller 畸变[67]。

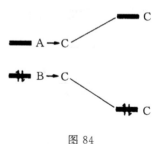

图 84

一级或二级 Jahn-Teller 效应的本质是一个高对称性的几何结构产生了一种简并态或近简并态，这种简并态能够被一种降低对称性的畸变破坏从而使轨道稳定化。还需要注意一点：仅仅依靠能级简并是

94

不够的,还需要适当的电子数。图 83 中环丁二烯(或其他任何平面正方形结构)的情况可以通过一种 3、4 或 5 个电子的 D_{2h} 畸变而被稳定化,而不是 2 或 6 个电子(如 S_4^{2+})。

这个观点也能应用在固体中。对于任何部分填充的能带,都有简并态和近简并态存在。简并态在前面已经讲过,对于布里渊区中的任意 k 值,都存在 $E(k)=E(-k)$。而近简并态是指在特定的费米能级附近的 k 值满足上述等式。一般来说,对于任意一个这种部分填充的能带,都存在一种可以降低体系能量的畸变。用专业术语来说就是,部分填充导致了电子-声子耦合,从而在费米能级附近打开了一个能带缺口,这就是 Peierls 畸变[68],它是 Jahn-Teller 效应在固体中的应用。

让我们来看一下它在一个氢原子链(或多烯链)上是如何发挥作用的。原始的链中每个晶胞有一个轨道,如图 85(a)所示,并且形成了一个相关的简单能带。我们通过加倍晶胞来产生畸变,如图 85(b)所示,其能带发生了明显的折叠,此时费米能级处于能带中间,每个轨道的能带可以容纳两个电子,但当单体是 H 或 CH 时,每个轨道只有一个电子。

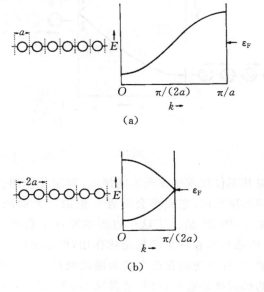

(a)

(b)

图 85

95　　　与电子运动耦合最有效的声子或晶格振动模式是对称配对振动，如图 86 所示。让我们来考查一下它对能带底部、中间（费米能级）以及顶部的典型轨道有什么作用，如图 87 所示，在能带的底部和顶部没有任何影响，因为增强的 1-2、3-4、5-6 等成键作用（反键作用）所得到（失去）的正是减弱的 2-3、4-5、6-7 成键作用（反键作用）所失去（得到）的。但是在能带的中间，也就是费米能级处，它的影响是很明显的。一个简并能级通过这种畸变被稳定化，而另一个则发生了去稳定化。注意，这个现象和发生在环丁二烯上的是很相似的。

图 86

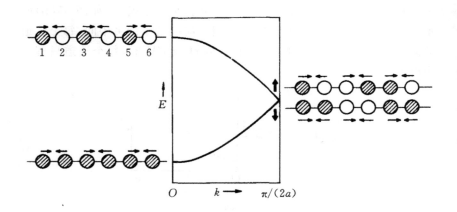

图 87

这种现象并不仅仅发生在费米能级处，稳定化作用会通过一种二级方式进入到布里渊区，它确实会随着 k 值的增大而减小，这是微扰理论作用的结果，图 88 给出了这个过程的原理示意图。对于任意一个费米能级，体系均存在一个净稳定化作用，但是很明显，对半充满能带它的作用最大，并且正是在这个费米能级处产生了带隙。如果我们要用块状图的形式概括这个过程，请参见图 89。注意，它和图 80 是很相似的。

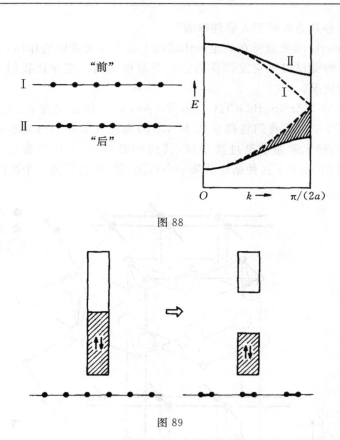

图 88

图 89

多烯(现称为聚乙炔)的例子是非常有趣的,因为几年前它偶然引起了许多争论。无限长的多烯会像图 90 那样定域化吗? 最后,Salem 和 Longuet-Higgins 证明了它是会定域化的[69]。聚乙炔是现代研究中一个很热门的领域[70]。纯的聚乙炔不是导体,但是当它被掺杂以后,要么使图 89 中上面的能带被部分填充,要么使下面的能带被部分放空,成为一个很好的导体。

图 90

一级、二级和低自旋或高自旋的 Peierls 畸变美妙但又错综复杂,如果读者对这些问题有兴趣,推荐大家查看 Whangbo 的综述文章,里面的内容是非常便于大家理解的[8]。

Peierls 畸变通常在确定固体结构上起着至关重要的作用，其中一维成对畸变仅仅是它发挥作用的一个简单案例。现在让我们来讨论高维的情况。

PbFCl（ZrSiS、BiOCl、Co₂Sb、Fe₂As）是一种普遍存在的三元结构[16, 71]，在这里我们将称它为 MAB，因为在这类我们感兴趣的物质中，第一种元素通常是过渡金属，其他的组分 A 和 B 通常是主族元素。图 91 展示了这种结构的某一个视图，图 92 为其另一个视图。

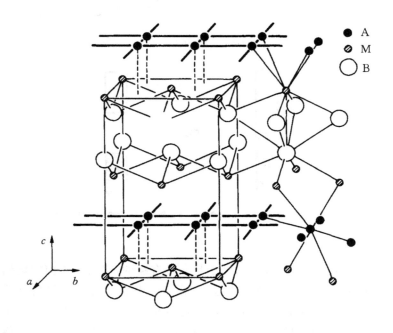

图 91

在这个结构中我们可以看到，M 和 B 原子形成的两个关联的方形网络被 A 原子形成的方形网络层所分隔，且 A 原子层的密度是其他原子层的两倍，因此化学计量式是 MAB。最有趣的是，从 Zintl 的观点来看，短的 A···A 距离是由 A 原子层密度造成的，以硅为例，典型值是 2.5 Å，这个距离当然是在某些成键作用的范围内。但并不存在短的 B···B 间距。

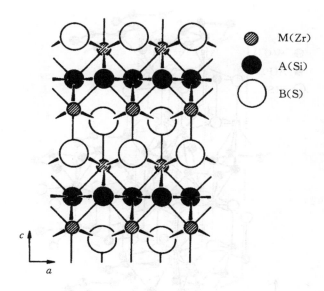

图 92

事实上,在这一系列物质中,有些化合物保持着它原有的结构,而其他的发生了畸变,很容易知道原因,以 GdPS 为例,如果我们规定 Gd^{3+} 和 S^{2-} 是正常的氧化态,那么我们就可以得到在这个密堆积的 P^- 网络中 P^- 的形式电荷数。从 Zintl 的观点来看,P^- 和 S 是类似的,因此在每个 P 原子上应该形成两个键。事实正是如此。GdPS 的结构[72]如图 93 所示,它是基于 Hulliger 等人的精彩论述绘制的[72]。注意,在这个精简的结构中 P–P 键是顺式的。

从能带结构计算的观点来看,它可能也可以预测成键及平面正方形网络的畸变。图 94 定性地展示了 GdPS 的 DOS。这个示意图的构造主要源于 Gd<P<S 这一电负性强弱的判断以及一些结构信息,即在没有发生畸变的平面正方形网络中 P⋯P 相互作用的距离是很短的,但是 S⋯S 相互作用的距离并不短。如上所述,当 Gd^{3+} 和 S^{2-} 为正常的氧化态时,我们就能够得到 P^-,这也就意味着 P 的 3p 轨道被填充了三分之二,可以预料费米能级也将落在 DOS 密度大的一个区域,如图 94 所示。紧接着将发生畸变。

99

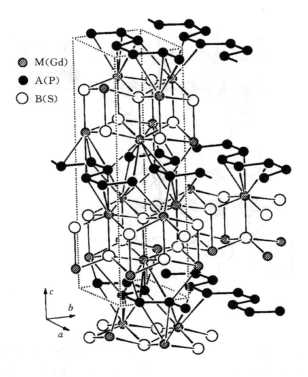

图 93

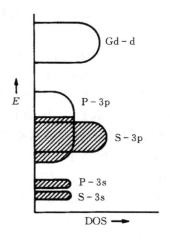

图 94

实际上所发生的细节可参阅文献[16]。实际的情形是十分复杂的,观测到的结构仅仅是几种可能的使母体结构稳定化的结构之一,当然也还存在其他结构。图 95 展示出了一些被 Hulliger 等人提出的可能的结构[72]。CeAsS 属于图 95(c)这种情况[73]。MAB 这类物质可能的几何结构的范围并没有被这些结构所完全覆盖,其他的畸变结构也是可能存在的,并且很多结构都能够根据固体中的二级 Peierls 畸变来解释清楚[16]。

100

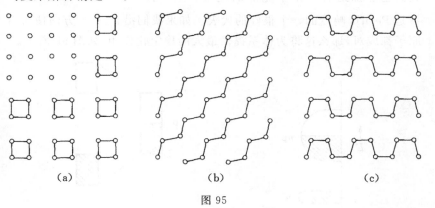

(a)   (b)   (c)

图 95

一个关于 Peierls 畸变(从某个角度来看)的很有意思的三维实例就是从立方晶格中推导出单质砷和黑磷的实测结构,这项工作是由 Burdett 和他的同事完成的[6,74]。这两种结构的常用表示方法如图 96 所示,我们可以很容易地发现,它们与图 97 所示的简单的立方结构有关。

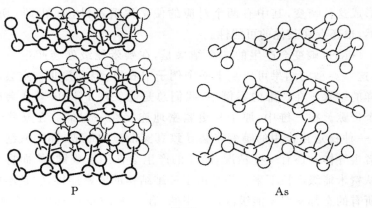

P   As

图 96

101　　　图 97 所示的立方结构的每个晶格位点上都有一个第 V 主族元素，与之相关的 DOS 分布块状图如图 98 所示。每个原子中包含有五个电子，因此，如果 s 带被完全填满，那么我们便可得到半充满的 p 带，详细的 DOS 图请参阅文献[74]。此处更为重要的是，即使没有计算我们也能知道有一个半充满的能带。这个体系是 Peierls 畸变的一个很好的代表。如果我们沿 x、y、z 方向使所有原子都成对，那么这将为体系提供最大的稳定化作用，如图 99 所示。

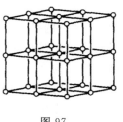

图 97

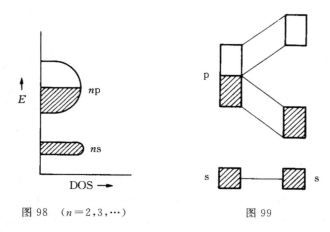

图 98　（$n=2,3,\cdots$）

图 99

　　Burdett、McLarnan 和 Haaland 提出，有不少于 36 种不同的方式来形成这种畸变，其中有两个对应的便是黑磷和砷，如图 100 所示。当然，也还存在其他的可能性。

　　Peierls 畸变会产生的一个结果是，在费米能级处会产生一个带隙，这一典型的结果可以从上一个例子中看出，但也并非一定会产生这样的结果。在一维的案例中，我们总是能发现 Peierls 畸变会产生一个带隙。在三维中，原子是更紧密地连接在一起的。在某些情况下，一种稳定化作用的畸变将会导致真实带隙的形成，即形成绝缘体或者半导体。还有一些情况，畸变的产生会作用于成键，从而将有些态从费米能级区拉下来。但是由于三维结构的紧密连接，它是不可能将所有的态都从费米能级区拉下来的，有一些 DOS 仍然保留在那里。因此，该材料可能依然是导体。

102

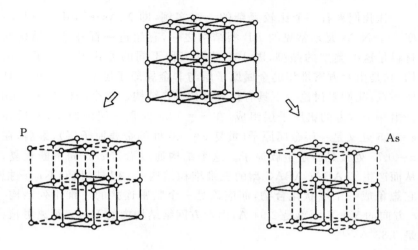

P

As

图 100

最后一点需要提及的是与 $ThCr_2Si_2$ 结构相关的。读者可能会注意到,在之前的讨论中,我们没有使用 Peierls 畸变理论来解决常见结构类型中的 P-P 配对问题。我们本可以这样做,但是并没有,原因是这个过程需要人为地选择一个结构使得此时的 P···P 层间距足够大,以使 P-P σ 和 σ^* 的 DOS 正好出现在费米能级处。然后,才能使用成对畸变,得到实际观察到的键。然而,这在某种程度上是一种掺杂了人为因素的方法。Peierls 畸变是普遍存在且十分重要的,但不是获得固体成键情况的唯一方法。

三维结构的简单论述

前面章节中所讨论的应用使得我们更加清楚地认识到,在我们能够弄清楚二维或三维材料丰富而美妙的几何结构之前,至少需要知道其能带结构(以及相应的 DOS 分布)。之前我们已经详细讨论的能带结构主要是一维和二维的,现在让我们详细地看一看当我们增加维度后会发生什么。

除了绘图更加复杂以及关于 230 个空间群的群论比较难以理解以外,三维结构确实没有引入太多新的东西。立方晶格、面心最密堆积或体心密堆积结构的 s、p、d 能带是非常容易构造的[9,40]。

103

让我们来看一个比较复杂的三维实例，即 NiAs→MnP→NiP 畸变[75]。NiAs 是最常见的 AB 型结构之一，有超过一百种已知结构的材料是这种类型的晶型，图 101 通过三种不同的方式展示出了其结构，它是由六方密堆积的金属原子层与非金属原子层交替形成的。具体一点，我们来讨论一下具有代表性的 VS 结构。这个结构在 $z=0.0$ 处由一个六方的钒原子层组成，在 $z=0.25$ 处是一层硫原子，然后在 $z=0.5$ 处又是一层金属原子（重复 $z=0.0$ 处的金属原子层），最后，在 $z=0.75$ 处又是一层主族原子。这个结构通过沿着 c 方向不断重复，从而产生了 ABACABAC 型的三维堆积结构①。但是，我们不应该把它想象成一个层状化合物，而应该是一个紧密连接的三维排列结构。c 方向的 V-V 距离是 2.94 Å，而六方网络结构内的 V-V 距离更长，是 3.33 Å[75]。

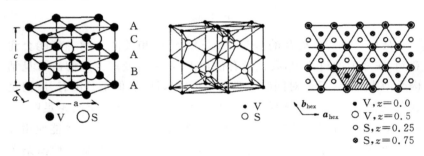

图 101

就局部配位而言，每一个硫原子都位于钒原子构成的三棱柱的中心，反过来，钒原子与六个硫原子发生配位形成一个八面体结构。V-S 的间距是典型的配位化合物成键距离。虽然体系中没有 S-S 键，但硫原子也是彼此相关联的。

以上是高温下（>550 ℃）按照化学计量比的 VS 结构。在室温条件下，其结构是正交晶系的 MnP 结构，具有更低的对称性。在室温下 VS_x 也具有同样的结构转换，它是由化学计量比发生微小的改变即从 1 变为 x 而引起的[76]。

———————————

①译者注：z 轴是坐标轴，z 值为原子坐标；c 是晶胞的基矢量，c 值也是晶胞参数之一；为便于理解，原子层符号全部改为大写（A、B、C），原始情况详见英文原版书。

MnP 结构是 NiAs 型结构发生了很小但很重要的微扰而形成的，大多数的改变（但不是所有的）都发生在垂直于六方轴的晶面之上。而对每一个六方网络的净作用便是使其散开形成锯齿状的链，如图 102 所示。散开后形成的链的孤立是很明显的，图 102 中强调的较短的 V－V 间距从 3.33 Å 变成了 2.76 Å，但垂直于晶面的 V－V 键距离（图 102 未给出）没有变长太多（2.94 Å）。

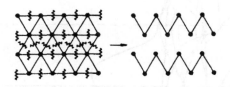

图 102

还有进一步的畸变可以发生。在 NiP 结构中，Ni 和 P 组成的链与 MnP 结构不同，它们可以分解为 Ni_2 和 P_2 原子对。对于磷化物，实验清晰地表明，可利用的电子数能够调节材料结构，使其从一种类型的结构转变为另一种类型的结构。9 或者 10 个价电子有利于 NiAs 结构（对于磷化物来说），11～14 个价电子有利于 MnP 结构，而更多的价电子则有利于类似的 NiP 结构。但是，对于砷化物这种趋势是不明显的。

这些有趣的晶型转变的详细报道请参阅参考文献[75]。很明显，任何讨论都必须从典型的 NiAs（这里计算的是 VS）的能带结构开始，结果如图 37* 所示。这幅图真像是意大利面条，并且看起来似乎已经超过了人类可以理解的能力范围。为什么我们不放弃理解而让计算机去将这些能带计算出来，然后选择接受（或者质疑）它们呢？当然不能，这种方式太简单了。事实上我们能够从这幅图中弄明白很多东西。

首先是总体方面，图 103 展示了六方晶胞结构。它包含了两个分子式单元即 V_2S_2，这立即告诉了我们应当有 $4 \times 2 = 8$ 个硫的能带，分别是两个 3s 和六个 3p。还有 $9 \times 2 = 18$ 个钒的能带，其中有十个来自 3d 轨道，它们的能量应该是最低的。

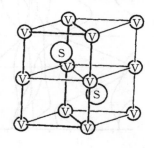

图 103

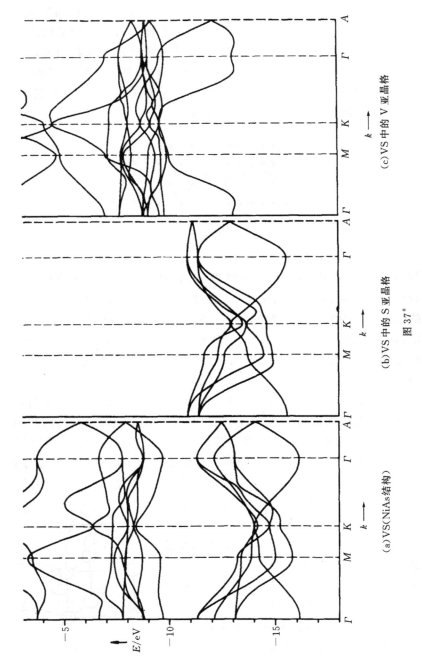

(a)VS(NiAs结构)　(b)VS中的 S 亚晶格　(c)VS中的 V 亚晶格

图 37*

图 104 所示的布里渊区中有一些特殊标记,对于这种标记是有一定要求的[9, 15]。当然,这里的布里渊区是三维的。图 37*中的能带结构展示了沿着布里渊区中的几个方向所发生的能级变化。数一数能级可以证明其存在六个能量低的能带(DOS 的分解表明其主要是 S 的 3p 能带)和十个 V 的 3d 能带,还有两个 3s 能带是在图中能量区域之下。在布里渊区的一些特殊点上,有简并态的存在。因此,我们应该挑选出一个普通的点来数能带的数量。

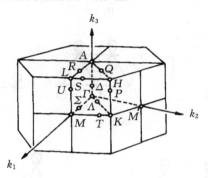

图 104

一种直觉告诉我,这个结构是由更简单的组分构成的,并且可以通过将它分解为 V 和 S 的亚晶格来得到,这也正是图 37*(b)和 37*(c)所示的内容。注意,相对较窄的 V 的 d 能带在−8～−9 eV。在 V 的亚晶格中,有金属-金属的成键,正如 V 的 s 和 p 能带宽度所示。当 V 处于合并后的 VS 晶格中时,V 的 d 带也会发生一些改变,化学家此时将会寻找钒的八面体环境的局部 t_{2g} - e_g 拆分特性。

这些组分的能带结构中的每一个都能够被更深入地理解[77]。以 Γ 处的 S 的 3p 亚结构为例,晶胞中含有两个 S 原子,图 105 为重新画的二维晶格切面图,强调了反向对称性作用。图 106—图 108 是一个位于 Γ 处的二维六方硫原子层所对应的具有代表性的 x、y 和 z 轨道的组合。很明显,x 和 y 轨道是简并的,且 x 和 y 的组合应当在 z 之上,前者是定域 σ 反键作用,而后者是 π 成键作用。现在将两层结合在一起,此时 x 和 y 层 Bloch 函数的相互作用(π 重叠)较 z 层函数(Γ 处为 σ 反键作用,见图 109)的相互作用要小一些。这些定性结果(x、y 带在 z 带之上,z 带比 x、y 带可拆分得更多)可从图 37*(a)和 37*(b)

107 中能带 3—8 的位置分布清楚地看到。

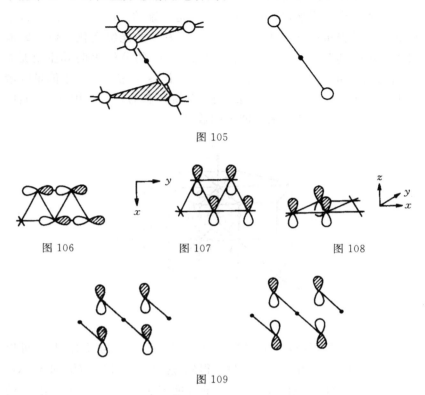

图 105

图 106 图 107 图 108

图 109

只要我们进行更多这样的研究,尽管可能会令人乏味,这些意大利面条式的图中的每一部分就都能被我们所理解。同时,更为有趣的是,我们也能够理解如何通过电子来调控 NiAs → MnP → NiP 的转变[75]。

现在让我们回过头来讨论一些更简单的关于表面的问题。

表面上轨道相互作用的定性理解

前面的章节已经表明,我们可以从能带结构和态密度的研究中回到定域化学行为即电子迁移和成键的研究中来。但正向定性地构建表面-吸附质或者亚晶格-亚晶格轨道作用图似乎依然是很困难的。既然有所有这些轨道,那么怎样去估算它们相对的相互作用呢?

对称性和微扰理论可以使这样的正向构筑变得相对简单一些,正如它们应用在分子中一样。首先,在扩展体系中,波矢 k 也是一个对称量,它可以将平移群的不同不可约表示进行分类。在分子中,只有属于相同的不可约表示的能级才能发生相互作用。类似地,在固体中,只有相同 k 值的能级才能相互混合[9, 15]。

其次,任何相互作用的强度都可以通过与计算分子中作用强度相同的表达式来进行计算。

$$\Delta E = \frac{|H_{ij}|^2}{E_i^0 - E_j^0}$$

重叠和能量间隔是很重要的,并且能够对它们进行估算[6, 8, 11]。

毫无疑问,由于有大量能级的存在,会出现一些复杂的结果。因此我们不能仅仅说"这个能级一定(一定没有)与另外一个能级发生了相互作用",而应该说"这个能级更有效地(或者较少地)与另一个能级或者能级的一部分发生了相互作用",现在让我举一些例子来进行说明。

考虑甲基(CH_3)在顶位和桥位与表面的相互作用情况,如图 $110^{[78]}$ 所示。我们假设覆盖率很低,很明显,甲基主要的轨道为它的非键轨道和自由基轨道 n,后者是一个指向远离甲基基团的杂化轨道,它与任何表面轨道都将有最大程度的重叠,n 轨道的能量位置大概是在金属 d 带底部的下方。怎样来分析金属与甲基间的相互作用呢?

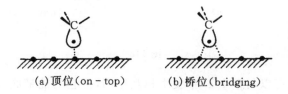

(a)顶位(on - top)   (b)桥位(bridging)

图 110

把金属能级拆分开来一个一个地探讨对研究问题是非常有用的,图 111 阐释了 z^2 和 xz 带中的一些代表性轨道。其中,位于能带底部的轨道是金属-金属成键轨道,而处于能带中间的是非键轨道,在能带顶端的为反键轨道。虽然三维体系下问题确实变得更加复杂,但这些一维图像也能为三维体系的情况做参考。

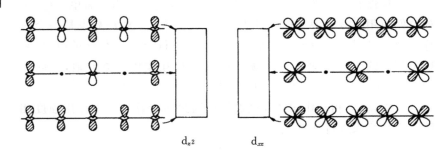

图 111

甲基自由基轨道（确切说是一个能带，但对于低覆盖率的情况这个能带是很窄的）可以和金属全部的 z^2 和 xz 带发生相互作用，但几个重叠为零的由对称性决定的特殊点除外。对上述重叠程度的大小进行排序是很容易的，正如图 112 中对顶位吸附的排序。

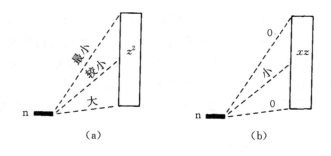

图 112

n 轨道可以与整个 z^2 带发生相互作用，但它与能带底部的相互作用更强，因为它们具有更好的能量匹配，如图 113 所示。对于它和 xz 带的相互作用，在能带顶部和底部时其重叠为零，在其他地方的重叠效率也不高，如图 114。对于图 110(b)所示的桥位吸附，我们估算其重叠应当如图 115 所示。这些构筑中并没有什么难以理解的东西。微扰理论体系的使用，尤其是在界定表面相互作用时 k 值的重要作用，请参考 Grimley[45] 和 Gadzuk[44] 以前的相关工作，Salem[47] 的工作也强调了这些。

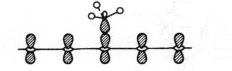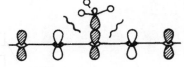

图 113

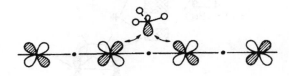

图 114

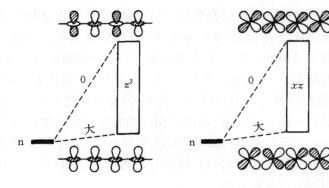

图 115

第二个例子,让我们再次来讨论乙炔在 Pt(111)晶面上的吸附,尤其是在二重和四重几何结构中[29]。在二重几何结构中,通过早期的讨论我们知道,乙炔最主要的轨道是 π_σ 和 π_σ^*,这些轨道是朝向表面的。不出意料地,它们主要是与表面的 z^2 带发生相互作用。但 π_σ 和 π_σ^* 会优先和能带的不同区域发生相互作用,挑选出与吸附质具有相似波节特征的金属表面轨道来与之发生相互作用,如图 116 所示。可以看出我们正在讨论的二重几何结构中,π_σ 轨道更好地与金属表面的 z^2 能带的底部发生了相互作用,而 π_σ^* 轨道则更容易与其顶部发生相互作用。

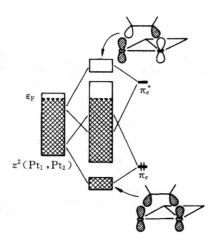

图 116

注意，z^2 能带的重构将会导致在该能带中，一些在能带底部的金属-金属成键能级被提高，而一些金属-金属反键能级会下降。很明显，这是化学吸附过程中金属-金属成键作用被削弱的部分原因。

在前面我们已经指出，四重位点的化学吸附在弱化表面成键、向 π^* 和 π_σ^* 轨道转移电子上是特别有效的，因而在弱化 C—C 成键上也是很有效的，在图 61 中已经画出了相应的相互作用。值得注意的是它包含了 π^* 轨道的重叠，尤其是和 xz 带顶部的重叠。两个形式上的空轨道发生了很强的相互作用，使得它们的成键作用（在金属和分子内是反键作用）组分被占据。

总之，用单电子微扰理论，即前线轨道理论来进行表面分析是可行的。

费米能级问题

最后，我们想要弄清楚金属表面的催化反应活性。从实验中我们已经知道，反应活性取决于金属、表面暴露情况、表面的杂质或其他吸附质、缺陷、表面覆盖度等多个值得关注的因素，然而弄清楚这些表面活性的决定性因素的相关理论还相当落后，但也出现了一些对诸类因素的理解，其中之一便是费米能级的作用。

在所有的过渡金属体系中,费米能级都落在其 d 带,如果共有 x 个电子在 (n)d 和 $(n+1)$s 能级中,那么任何金属的结构和有效价态都可以近似为 $d^{x-1}s^1$。过渡金属 d 带的电子填充度将随着元素周期表向右而增加,那么费米能级的位置是怎样变化的呢?

实际情况如图 117(与图 48 重复)所示,也许这是金属物理中最重要的一个图。关于能带结构的详细讨论,推荐读者去查阅 O. K. Andersen 的权威著作[40]。粗略地说,情况就是在过渡金属中随着向元素周期表右侧移动,d 带的重心会下降。这是因为,对于一个 d 电子来说,原子核不能被其他所有 d 电子进行有效的遮蔽。单一 d 电子电离能的大小会随着元素周期表向右移动而变大。此外,轨道也会随着周期表向右移动而收缩,导致能带更低的分散性。同时,能带中电子填充数会增加,能带重心的位置与电子填充竞争,最后前者获胜。因此,元素周期表中右侧过渡金属的费米能级会下降。处于元素周期表中间位置的过渡金属所发生的情况更加复杂[40]。

112

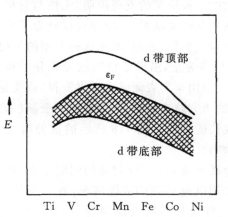

图 117

让我们来看一下这种趋势对两个化学反应造成的结果。其中一个反应已经被广泛研究,即 CO 的化学解离吸附。另外一个反应知道的较少,但肯定是十分重要的,因为在 Fischer-Tropsch 催化中一定会发生这个反应,它就是两个烷基基团在表面耦合,反应生成烷烃的反应。

一般来说,第一个催化反应进程的前期和中期主要发生的是过渡金属使一氧化碳断键，后期则是使其结合形成分子[79]。这个过程中CO分子具体是如何被打断的，实验上还未能解释。明显地，在某些情况下，CO分子的氧端一定会与金属原子接触，即使表面上通常的配位模式是通过碳原子，就像在分子复合物中一样。在解离路径的研究中，最近的一个发现非常有意思，如图 118 所示，CO分子是"平躺"在一些表面上的[80]。或许是这种几何结构的影响使这个双原子结构裂解成为化学吸附原子，这为 CO 成键和解离提供了一个很好的理论模型[81]。

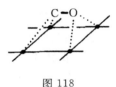

图 118

顺带提一下，图 118 以及其他一些表面物种在与表面结合时没有出现分子复合物的这种情况的发现说明，无机与有机金属化学工作者在查阅一些表面科学的文献时，不应该仅仅是为了寻找一些文献来美化经费的资助申请。当然，表面-团簇这种类型的情况，是一种可双向研究的模型，到目前为止，借助于已知的无机分子和小分子结合的实例，它已经被大量使用来为表面研究提供资料（或支撑猜想）。但是现在，对表面结构的研究越来越好了，也有许多全新的表面-结合模型实例正在出现。我们能够通过图 118 所示的这种结构的启发而设计出一种分子复合物吗？

现在回到金属表面影响 CO 解离的问题上来，我们先来看一下分子的化学吸附作用以及 C 端的成键情况，看一下是否会有一些线索。表 4 展示了 CO 与几个不同表面键合时，其 5σ 和 $2\pi^*$ 的轨道布居情况[27]。

表 4　CO 化学吸附于第一系列过渡金属表面时的一些轨道布居[27]

轨道	片段轨道中的电子密度					
	Ti(0001)	Cr(110)	Fe(110)	Co(0001)	Ni(100)	Ni(111)
5σ	1.73	1.67	1.62	1.60	1.60	1.59
$2\pi^*$	1.61	0.74	0.54	0.43	0.39	0.40

113

5σ 的轨道布居几乎是恒定不变的,随着元素从右到中间仅出现了
缓慢上升。然而,2π* 的轨道布居上升得非常明显,当从右到左移动到
Ti 的时候,CO 键已经所剩不多了。如果我们不断耦合其他的几何变
化,例如使 CO 伸长、向表面倾斜等,我们一定也能在这一系列左侧的
过渡金属上观察到 CO 的解离。

这些成键趋势的原因是显而易见的。图 119 添加了 CO 分子的
5σ 和 2π* 能级位置到金属的 d 带中,随着金属从右向左移动,5σ 能级
与金属的相互作用越来越弱,而 2π* 能级产生了强烈的作用。当为右
侧金属时,它们之间会发生相互作用,这是化学吸附所要求的,此时
2π* 能级位于 d 带上方。对于中间和左侧的过渡金属来说,费米能级
上升到了 2π* 能级之上,此时 2π* 能级与之相互作用越强,它被占据
的程度就越大。这是 CO 发生解离的基本要求[27]。

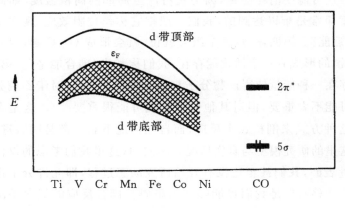

图 119

我们研究的第二个案例是一个特殊的反应,它可能在 CO 多相催
化的还原齐聚反应即 Fischer-Tropsch 合成中是非常重要的。这个反
应非常复杂,并且已经有很多反应机理被提出。其中有一个我认为是
可能的,即碳化物/亚甲基机理[82]。这个机理遵循着这样的反应顺
序,首先是 CO 和 H₂ 分子的断裂,然后发生碳的加氢在表面生成甲
基、亚甲基和次甲基,随后发生各种各样的链增长反应,最后通过还原
消去使得链终止。在这里我想讨论的是链终止步骤中的一种情况,即
两个被吸附的甲基基团发生典型的关联耦合生成乙烷的反应,如图
120 所示[78]。

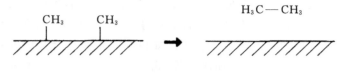

图 120

绘制图 120 是非常简单的,但它隐藏了很多奇妙的过程,这些过程在图 121 中被详细解析。首先,给出了一个表面和确定的覆盖度,有一个甲基占据的首选位置,它可能是几个位点之间的平衡。第二,这些甲基基团一定会在表面上迁移以便相互靠近,迁移过程中可能存在一个能垒(我们叫它"迁移能")。第三,一个甲基迁移到另一个甲基的附近可能是不够的,它必须要非常接近,例如,在附近金属原子的顶部。但这可能要消耗能量,因为它将产生局部的高覆盖度,如此高的覆盖度通常是难以达到的,我们一般把它称作位阻效应,现在我们叫它"接近能"。第四,一旦各个组分就位,就会形成 C–C 键,但实际上 C–C 键的形成有一个活化能存在,我们称其为"耦合能垒"。第五,可能还存在一种能量使得产物分子与表面结合在一起,对于乙烷分子来说它可能不太重要,但对其他分子来说可能很重要[83a]。这是人为地通过这种方式来剖析这个反应,而自然情况下它们都是同时进行的。虽然这里的研究模型与真实情况是不同的(这里我们考虑的仅仅是静态能量表面,我们甚至还没有开始研究动态过程,即允许分子在这些表面上迁移),但是我们也能够认为阻碍其耦合反应的能垒是由迁移能＋接近能＋耦合能＋脱附能构成的。

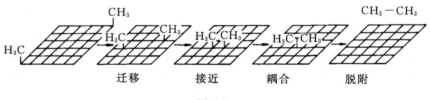

图 121

为了更具体地说明,我们选择三种致密的表面:Ti(0001)、Cr(110)和 Co(0001)。我们进行的计算针对的是一个三层的板(slab),最开始的覆盖度为三分之一。现在我们考虑三种结合位点,分别是顶位或一重位点(图 122)、桥位或双重位点(图 123)以及帽位或三重位点(图 124)。每一种金属的首选位置都是顶位,如图 122 所示[78]。

图 122   图 123   图 124

总的结合能的关系是:$E_{Ti} > E_{Cr} > E_{Co}$。图 125 是一个 CH_3 与金属的相互作用图。CH_3 的前线轨道是一个碳基的定向自由基瓣状结构,和 CO 的 5σ 轨道相似,它与金属的 s 和 z^2 带会发生相互作用。一些 z^2 态被推到了费米能级之上,这是发生成键作用的一部分。另一部分是电子迁移的影响。最初我们是从一个电中性的表面和甲基开始,但是甲基轨道的空间可以容纳两个电子,于是金属中的电子就很容易占据空的空间,这为成键提供了一个额外的结合能。同时,因为左边的过渡金属的费米能级上升,所以 Ti 中这种"离子的"成分对成键的贡献较 Co 多一些[78]。

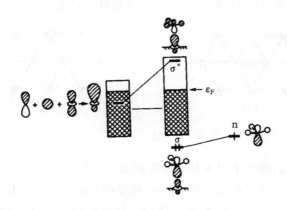

图 125

从某种意义上说,单一配体的结合能与不同表面上两个配体的相对耦合速率估算是不相关的。但事实上即使是它们也表现出了费米能级的作用。对于甲基耦合过程,第一步我们应该考虑的是独立基团的迁移能垒,如图 126 所示。不同情况下都是以最稳定的顶位几何构型的能量为相对能量零点。

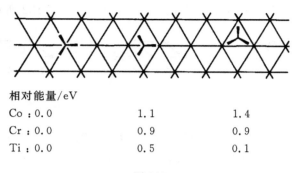

相对能量/eV

Co : 0.0	1.1	1.4
Cr : 0.0	0.9	0.9
Ti : 0.0	0.5	0.1

图 126

图 126 所暗含的是，对于 Co 来说，它的优先迁移路线是通过桥位的过渡态迁移，如图 127（a）所示；对于 Ti 来说，是优先通过帽位或洞位（hollow site）进行迁移［图 127（b）］；而 Cr 则是二者之间的竞争迁移。如果想了解所计算的能垒大小的成因，推荐读者查阅我们的论文[78]。那么我们能够设计一个实验来证明这些迁移路径吗？CH_3 最终在表面上被观测到，但它依然是一种相对不常见的表面物种[54]。

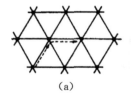

(a)

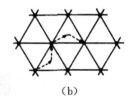

(b)

图 127

如果我们将两个甲基基团放在相邻金属原子的顶位，会发现被占据的 CH_3 态发生了分裂。这是一个典型的双轨道四电子相互作用，是单电子计算中空间位阻效应的体现。如果我们将这些相接近结构中每个甲基基团的结合能和低覆盖度下独立的甲基基团的结合能相比较，我们就能得到图 128 所示的计算得到的接近能。因为一些被占据的 d 能级带有来自 CH_3 孤对电子的贡献，去稳定化作用会随着 d 电子数的增加而增强。

当两个 CH_3 基团真正耦合时会发生什么？反应是以 CH_3 的孤电子

几乎都被填满开始的,即此时 CH_3 几乎变成了 CH_3^-。随后新的 C-C σ 键形成,照例,我们需要考虑 σ 和 σ* 轨道的组合,记为 $n_1 \pm n_2$。最开始它们都是被填满的,但随着 C-C 键的形成,σ* 轨道的组合将会被抬高,最终,它将会倾倒它的电子进入金属的 d 带。

117

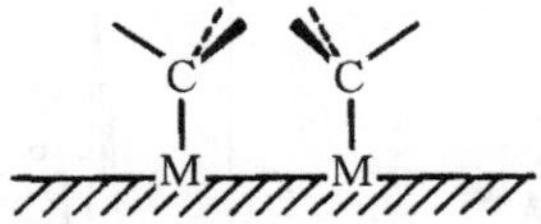

Co	0.7 eV
Cr	0.5 eV
Ti	−0.1 eV

图 128

DOS 图和 COOP 曲线的真实变化使得我们可以详细地研究这个过程。例如,图 38* 给出了甲基的 n 轨道和自由基轨道沿着假定的耦合反应坐标变化对总的 DOS 图的贡献。注意,有一个双峰结构逐步形成。从 COOP 曲线可以看出,较低的峰为 C-C 成键,而较高的峰为 C-C 反键,它们对应的是正在生成的乙烷的 σ 和 σ* 轨道。

随着反应的进行,体系的总能量在不断增加,因为 $n_1 - n_2$ 的反键作用越来越强。在费米能级处,总能量存在一个转折点。此时 σ* = $n_1 - n_2$ 被腾空,体系总能量伴随着 σ = $n_1 + n_2$ 变弱而下降。费米能级的位置决定了这个转折点。因此,预计 Ti 的耦合反应活化能较 Cr 大,而 Cr 较 Co 大,因为正如前面所看到的,元素周期表靠前的过渡金属具有更高的费米能级,尽管它具有更低的 d 电子数。熟悉金属有机化学中还原消除反应的读者会注意到它们本质上的相似性[58, 83b]。在此,我们再次提及我们的论述与 Mango 和 Schachtschneider 关于配位金属原子是如何影响有机反应的定性概念之间的关系[57]。

很明显,费米能级的位置及费米能级处态的性质均是决定物种在金属表面结合和反应的重要因素。这一点并不是这个工作的原创,但在各种文献中已经被详细讨论并做出了一定的贡献[56b, 83c]。特别值得注意的是一个非常有趣的讨论,即化学吸附是怎样影响费米能级处的局部 DOS 分布[83d]的。

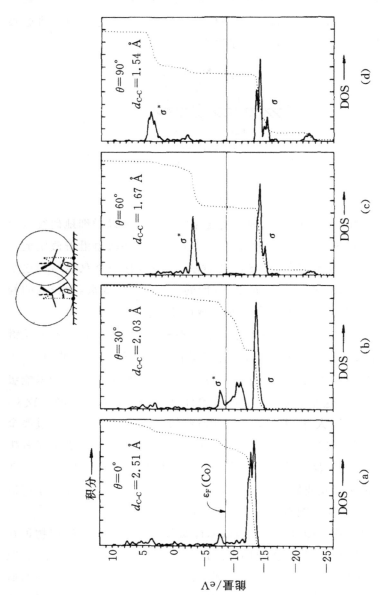

图 38* 甲基孤对电子对两个甲基基团耦合生成乙烷过程中 Co(0001) 晶面上的化学吸附体系 (CH₃) 的 DOS 贡献的变化(注意乙烷中 C−C 键的 σ 和 σ* 轨道对应的两个峰的变化)

另一种方法论及其贡献

已经有非常多的理论对固体和表面科学做出了贡献[84]，这些理论贡献来自物理学家和化学家，从以前半经验的分子轨道（MO）计算发展到现在非常先进的 Hartree-Fock 自洽场理论、组态相互作用（configuration interaction，CI）以及密度泛函理论（density functional-theory，DFT）。有些人已经使用原子和原子团簇模型，以及一些延伸的板或者薄膜模型来进行表面研究。我不会去讨论所有这些理论的贡献，即使是和我所提及的体系相关的，因为：①这本书不是一本对理论方法的详细综述；②我很懒；③这个领域充满了对理论方法能有效使用的相互矛盾的主张。当然这样的主张存在是所有科学领域不争的事实（而不是假想）。但是理论研究更倾向于这种主张的存在，因为理论学家很少处理真实的材料世界，而主要是处理抽象的、精神上的问题。这是诸如"为什么"和"怎么样"这种必要且深入的问题的固有特性。基本上，我不确定我能回答出是这种方法好还是另一种方法好这种问题，而且我也没有勇气去尝试。

大多数已经存在的理论方法仅仅是用来解决已知复杂体系的波动方程的更好方式，未必就能带来更多的化学和物理含义。但有一个例外，这便是 Lundqvist、Nørskov、Lang 和他们的同事提出并发展的关于化学吸附的复杂的思想[85]。这是一个富含物理意义的方法论，因为这一点，也因为这个理论提供了一种看待化学吸附能垒的不同视角，我想在这里特别地提及这个理论。

正如很多密度泛函理论所研究的，这个方法论主要聚焦于电子密度的重要作用，然后通过 Kohn-Sham 方案自洽地求解 Schrödinger 方程[86]。最初这种方法是用来处理胶体-吸附原子体系的，这个体系缺少微观描述，乍一看似乎不像是一个化学体系。但是在这样一种有效介质理论中包含了很多的物理知识，随着时间的推移，表面上的原子特征已经能够被更加精准地模拟出来。

图 39* 展示了这种方法所得到的信息的一个实例，它是 H_2 在 Mg(0001)晶面上解离的总能量曲线和态密度图[87]。这中间存在着物理吸附（P）、分子化学吸附（M）和化学解离吸附的能垒。其中，分子化学吸附最主要的控制因素是不断增加的 H_2 的 σ_u^* 轨道占据，随着 H_2 分子靠近表面，其主要的态密度掉到了费米能级及其以下。

在采用这种方法的这个研究及其他研究中,我们可以看到分子能级在能量空间中迁移,有时候会延展成为能带,但是这些迁移和那些通过扩展的 Hückel 理论计算得到的结果是不一样的。图 18* 显示,对于 H₂在 Ni⁸⁸ 表面上的吸附过程,有些 σ_u^* 态密度到了费米能级之下,但是正如简单的相互作用图所显示的,σ_u^* 的主峰被抬高了,这和图39* 的结果是明显不一致的。或许(我不确定)有一种方法可以使这两

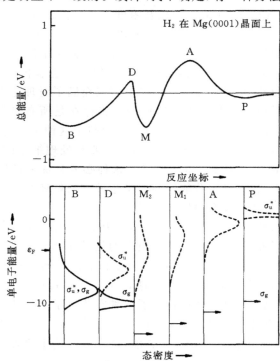

图 39*　按照参考文献[87]计算得到的某些关于 H₂ 在 Mg(0001)晶面上的参数(上方:势能曲线示意图,其中 P 为物理吸附最小值,M 为化学吸附分子,B 为化学吸附原子,A 和 D 是化学吸附和解离的过渡态。① 下方:在一定的特征点处的单电子 DOS 变化,其中 M₁ 和 M₂ 对应的是两个距离表面不同的分子化学吸附点,虚线表示 σ_u^* 的态密度,随着解离过程的进行迁移到了更低的能量)

---

①译者注:译者认为此处大写字母 P、M、B、A 和 D 为英文缩写,其中 P 表示 physical adsorption, M 表示 molecule, B 表示 break up, A 和 D 分别表示 absorption 和 desorption。

张图片的结果一致，那便是认识到我的方法是不自洽的，即没有解释当 H_2 靠近表面时自身的屏蔽作用。如果我们将自洽或者金属中电子的屏蔽效应考虑到单电子理论研究中，那么这两张图的结果是可能一致的，这两种方法的差异也比人们所猜想的小很多。随着图 39* 的反应坐标沿 P→A→M_1→M_2→D→B 变化，H—H 键被不断拉长。在我们的计算中，随着 H—H 键被拉长，σ_u^* 的态密度也下降得十分明显。

在 Nørskov 等人[87]的工作中，化学吸附能垒来源于最初起支配 121 地位的"动能排斥"，这种排斥是 Pauli 原理在起作用，我希望能得到我们所介绍的四电子排斥和这个动能效应的对应关系。但像往常一样，问题就在于不同的模型是建立在不同的物理事实基础之上的，因而比较它们是非常困难的。之所以我们所做的努力是值得的，原因在于 Lundqvist-Nørskov-Lang 模型已经被证明在揭示化学吸附趋势上是非常有用的，因而它在物理和化学上都是很吸引人的。

有一些对理论固体化学和表面科学做出贡献的人在这里我应当提一提，因为他们进行了一些特殊化学方向的研究。其中一个是 Alfred B. Anderson，他分析了一些最重要的催化反应，本书中引用了很多他预测的关于表面的结果[89]。Evgeny Shustorovich 和 Roger C. Baetzold 各自独立对表面反应进行了详细的计算，并同时针对化学吸附现象提出了一个基于微扰理论的重要模型[90]。Christian Minot 解决了一些很有意思的化学吸附问题[91]。Myung-Hwan Whangbo 对 $NbSe_2$、TTF 类有机导体和钼青铜（$M_x Mo_y O_z$）等低维材料成键作用的分析，以及他最近在高 T_c 超导体上的研究，在提高我们对导电固体中离域平衡和电子排斥的认识上做出了很多的贡献[7, 8]。Jeremy Burdett 是继 Pauling 做出开创性工作后，第一个在决定固体结构的因素上提出了新思想的人[5, 6]。他的工作一直被认为是非常有独创性和创新性的[93]。

我提及这些人的一个原因是我很自豪，因为他们所有人在某个时间（在他们独立完成这些意义重大的工作之前）都来访问过我的研究组。

固体研究中有哪些新东西呢？

如果在晶体中所有的能带都是很窄的（正如在分子中和非常特

殊的离子型固体中），即如果在重复的分子单元中几乎没有重叠，那么也就更不用说有新的成键作用了。但如果至少存在一些能带是较宽的，便会发生离域化作用，也会有新的成键作用，此时分子轨道图也就变得十分必要了。这并不是说我们就不能得到这种定域成键作用，即使是在这种高分散的离域情况下。前面的章节已经表明，我们是可以发现这种成键作用的，但是因为大量离域化作用的影响，定性地看也会有新的成键方式。这让我回忆起了在有机化学中芳香性的影响以及在无机团簇化学中的骨架电子对计数算法[21]。在本书最后一节开始时，我想追溯一下在这些扩展体系中出现的一些新的成键作用特征。

122   分子轨道作用及微扰理论的方法为我们提供了一个适合这种高离域化体系的分析工具，正如它在小的离散分子中的应用一样。例如，我们以之前章节末尾处提及的问题为例。我们有两个同分异构的二维晶格，如图 67 和 68 所示。那么其中哪个会相对于另一个成为供体呢？哪一个将会是最稳定的呢？

这些晶格由相同数量的 B 和 X 原子构成，占据了两个亚晶格，即图 129 中的 I 和 II。一般情况下，这些元素具有不同的电负性。在 $ThCr_2Si_2$ 中，一种是过渡金属，而另一种是主族元素。而在 $CaBe_2Ge_2$ 中，每一个都是主族元素。为了达到我们所讨论的目的，我们以后面这种情况为例建立模型，并且绘制出了局部所发生的相互作用图，如图 130 所示。

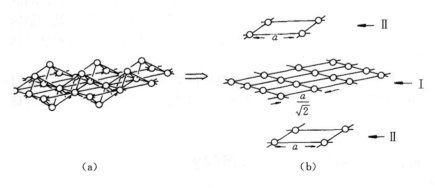

(a)   (b)

图 129

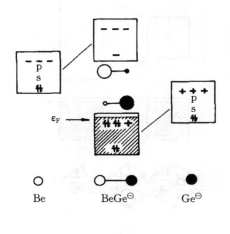

图 130

通过这种方式所绘制的图中，元素 X 具有更强的电负性，图中没有涉及任何关于带宽的信息。轨道的块状图表明了各个能级的大致位置，更低的能级方块明显是来源于或者位于电负性更强的元素（在这里是 X）轨道。事实上，这里的能带填充情况与 $CaBe_2Ge_2$ 结构比较相符，即 $Be_2Ge_2^{2-}$、$BeGe^-$ 或者是每两个主族原子上含有七个电子。

这些轨道将发展成为能带，能带宽度取决于内部晶胞的重叠。位置 II 处的原子彼此之间的间距较位置 I 更远一些（在这里可以回忆在 $ThCr_2Si_2$ 结构中更短的金属-金属原子间距）。由此我们可以说，亚晶格 I 较亚晶格 II 更为分散，位于亚晶格 I 处原子的轨道较位于亚晶格 II 处原子的轨道将会形成更宽的能带。

现在我们有两个选择：电负性更强的原子可以进入分散性较差的位置（晶格 II）或者分散性较好的位置（晶格 I），其结果被展示在图 131 和图 132 中。

哪一层是最稳定的以及哪一层具有更高的费米能级取决于电子填充情况。对于如 $CaBe_2Ge_2$ 这种情况，或者一般来说，当能量较低的能带被填充到一半以上时，电负性更强的原子将更倾向于占据图 131 所示的分散性更差的位置，因而那一层将会拥有更高的电离能，成为一个很差的电子供体。

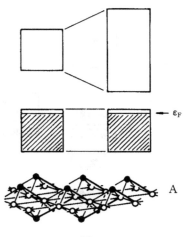

图 131

关于稳定性的结论需要做一些详细的阐述。它基于一种"重叠排斥"的论点之上，这个论点和图1°氢原子链形成的能带的不对称分裂所介绍的是相同的。当轨道发生相互作用时，反键组合的反键作用较成键组合的成键作用更强。因此，填充在反键作用组合中或者说填充在高分散的能带顶部是很消耗能量的。所以我们可以得到关于稳定性的结论，正如在分子化学中所讨论的案例一样，它是强烈依赖于电子数的。在这个特殊的案例中，如果能量较低的能带填充不足一半时，结论将会是相反的，此时电负性较强的原子将会更倾向于占据分散性更好的位置。

对于 $ThCr_2Si_2$ 这种 AB_2X_2 类型的结构，我们可以得到的结论是，电负性较强的原子将会进入到分散性更差的位置，这就意味着对于大多数情况，主族元素 X 组分将会更加倾向于占据分散性较低、四方锥体结构的亚晶格 II 的位置。在 $CaBe_2Ge_2$ 中，Ge 的电负性强于 Be，这也就意味着 Ge 所进入的分散性更高的位置所在的原子层（图 66 中的底层），相对于上面的原子层应该是一个电子供体。

下面是一个值得思考的问题，既然 $CaBe_2Ge_2$ 中的某一层（受体层）比另外一层（供体层）更稳定，那么为什么还会形成 $CaBe_2Ge_2$ 这种结构呢？为什么没有直接形成仅以受体层为基础的 $ThCr_2Si_2$ 结构呢？答案就在于共价作用和配位作用的相互平衡。对于有些元素，从供体-受体层间作用所得到的结合能是可以超越单独层的固有稳定性的[39c]。

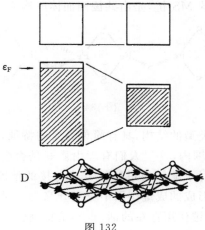

图 132

有时候,通过离域化作用所引入的扰动可能非常强,大到可以破坏定域的、更"化学"的成键作用方式。让我在这里简单举两个例子。

白铁矿和砷黄铁矿的结构是 MA_2 型化合物通常的结构,这里,M 是一种排序靠后的过渡金属元素,A 是第 V 或 VI 主族元素,它的结构如图 133 所示,与金红石结构相关。在这个图中我们可以很清楚地观察到金属的八面体配位结构和由共棱八面体形成的一维链结构。然而,发生相互作用的配体不是金红石结构中的两个 O^{2-},而是白铁矿中的 S_2^{2-} 或 P_2^{4-} 双原子单元[92]。

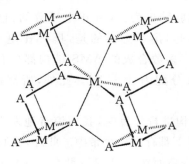

图 133

另外一类 MS_2 型亚晶格具有低维的特征,现在我们介绍的是这种类型中具有三元结构的 $KFeS_2$ 和 $Na_3Fe_2S_4$[93, 94]。在这些分子中,我

们可以发现一维的 MS_2 链,是由共棱四面体所构成,如图 134 所示。

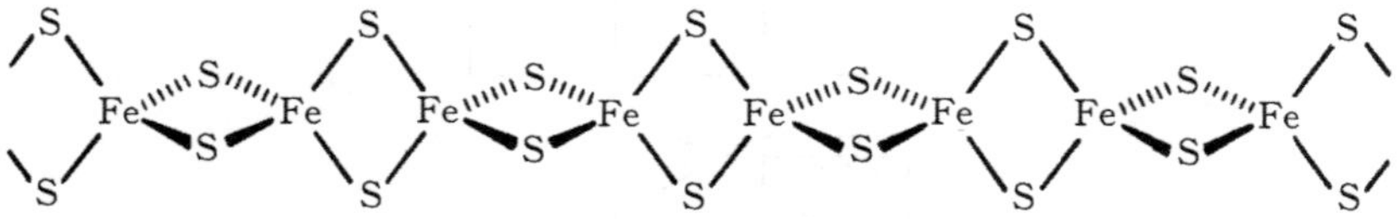

图 134

  对于这两种类型的结构,具有简单易见的特征,其金属-金属间距在 $2.6\sim3.1$ Å 范围内,这里人们有理由质疑是否会出现大量的金属-金属成键作用。对于配体通过桥接方式连接的情况,金属-金属成键作用从通过桥接形成的成键作用中分离开来是非常难的。当然,如果这种金属-金属成键作用存在的话,也不是特别强。因此,化学家会从局部的金属位点环境出发来进行研究,这样明显简单很多。

  然后我们可以预测到,对于八面体白铁矿中的每个金属,将会发生轨道分裂,形成三个轨道在两个轨道下面的轨道分布情况。而对于四面体构成的 MS_2 链,将会发生轨道分裂,形成两个轨道在三个轨道下面的轨道分布情况。对于封闭壳层结构所具有的电子数,低自旋态(图 133 所示)的八面体结构应该是 d^6,而图 134 所示的四面体结构应该是 d^4。有人可能会推论,在形成了一维链状结构后,再形成三维结构会向这些能带中增加一些分散性,但不会太多,因为具有半导体或非磁性行为的体系需要保持适当的电子数,对于图 133 所示结构应该保持为 d^6,而图 134 所示结构应该保持为 d^4。

  已经获得的实验结果为:具有 d^6 电子数的白铁矿和砷黄铁矿具有半导体性质。但是,出乎意料的是,具有 d^4 电子数的情况也是如此。到目前为止,大多数合成的 AMS_2 结构都具有一个特征,那就是金属原子的电子数分配为 $d^5\sim d^{6.5}$。此外,所测得的磁动量也都异常低。

  当对这些链结构进行计算时,我们惊奇地发现,八面体的白铁矿结构在 d^4 和 d^6 情况下都存在一个带隙。此外,我们还发现四面体链结构在 $d^{5.5}$ 时有一个带隙而在 d^4 情况下没有。这样看来,似乎对定域晶体场的思考没有起作用。而事实是(详细解释读者可以查阅我们的文章[92,94]),定域晶体场是一个很好的起始点,但离域化作用(在被考虑的距离范围内主要为配体-配体作用和金属-配体作用,金属-金属作用较少）也必须进一步被考虑在内。通过考虑扩展的离域化作用，可对仅从观察金属位点对称性来预测的带隙电子数进行进一步修正。

在前面的章节中，我概述了固体中真正有效的轨道相互作用，这些相互作用和控制分子几何结构以及反应活性的相互作用是相同的。但也存在一些值得注意的差异，这些差异是相互作用的一部分——表面的费米能级处存在连续能级造成的。这为将强的四电子和零电子双轨道相互作用转化为成键作用提供了一种方法。按照推论，在费米能级附近会发生一些导致形成成键作用的变化。让我们通过前面已经提及的一个例子来具体讨论这个新的问题，这个例子就是低覆盖度下乙炔通过平行的双重桥位模式吸附在 Pt(111) 晶面上，如图 135 所示[29]。

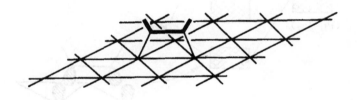

图 135

最重要的双电子成键作用是发生在乙炔的两个 π 轨道（即 π_σ 和 π_σ^*，见图 136）和 d 带之间的。π_σ 和 π_σ^* 是"指向"表面的，与金属具有更大的重叠。此外，它们会优先与能带的不同区域发生相互作用，这些区域是被挑选出的与吸附质具有相似波节特征的金属表面轨道。图 137 说明了这一点，对于我们所讨论的"平行桥位"几何结构，π_σ 轨道会更容易与表面 z^2 带的底部发生相互作用，而 π_σ^* 会优先与表面 z^2 带的顶部作用。

127

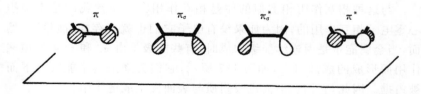

图 136

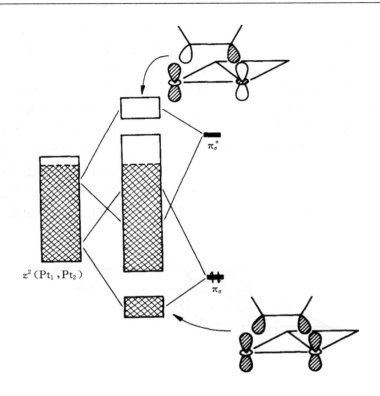

$z^2(Pt_1, Pt_2)$

π_σ^*

π_σ

图 137

　　这些相互作用主要是①和③类相互作用（见图 54 和 59），即四电子排斥作用和两电子吸引作用。实际上，能量和成键的结果都有点复杂：在费米能级之下时，$z^2 - \pi_\sigma$ 相互作用在这种作用的反键组分始终保持填满的状态下会去稳定化。而事实上，很多 $z^2 - \pi_\sigma$ 反键作用态都会被推至费米能级之上而被腾空。由此，去稳定化的四电子相互作用就被转换成了稳定化的两电子相互作用。

　　与这种相互作用相类似的便是相互作用⑤。通常我们是不会担心零电子相互作用的，因为如果没有电子它们也就不存在"能量"。然而，当金属能带是由连续能级构成时，有些能级是由 π_σ^* 和 z^2 带的顶端作用而形成的成键组合，如图 137 所示，它们会降至费米能级之下而被占据。因此，它们也会促进吸附质与表面发生成键作用。

　　需要注意的是，所有这些相互作用的结果不仅仅是加强了金属-乙炔成键，也同时削弱了乙炔分子内和金属表面内的成键作用。相互作用意味着会发生离域化作用,反过来也意味着会发生电荷转移。相互作用①和②会减少 π_v 的电荷数而增加 π_v^* 的电荷数,这些行为都会弱化乙炔的 π 键。将电子从 z^2 带底部迁移,并更好地填充 z^2 带顶部,这二者均会导致金属表面内的 Pt–Pt 键被削弱。

相互作用⑤是固体中特有的相互作用,它是由基本的相互作用①、②、③和④所引发的费米能级周围的态的重构而得到的结果。例如,相互作用③是一种四电子排斥作用,现在思考一下它所带来的结果,即有些能级被推向了费米能级之上。考虑这种作用发生的一种方式是:实际上电子没有被激发而穿过费米能级(费米能级基本保持不变),而是在费米能级处被置于固体中"某处"的能级之中。图 138 展示了这个过程的作用原理。

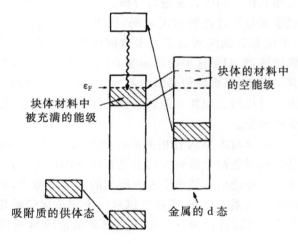

图 138

但是"某处"是哪里呢？进来的电子主要来自于没有直接参与吸附质成键的区域,在我们研究的这个例子中,它们可能来自于 Pt 块体能级、没有吸附乙炔分子的表面 Pt 原子,甚至是与乙炔发生吸附结合的 Pt 原子,但仅限于那些没有被用于成键的轨道。虽然金属表面是这些电子的储存库,但这些电子也会参与成键。这些电子与它们各自能级的顶部都接近,因此本身就具有一种金属-金属反键作用,这也是为什么相互作用⑤会削弱表面的成键作用。连同前面已经提及的相互作用①、②、③和④具有的电子转移效应,这才造就了吸附质诱导的

129

表面重构作用。

通常，正如在上一节我已经概述过的，非解离化学吸附是一个与上述作用完全相同的相互作用的微妙平衡，而这个平衡会削弱被吸附分子内和金属表面内的成键。解离化学吸附和表面重构仅仅是这种现象的两种极端情况。

所以固体研究中有哪些新的内容呢？我的物理学家朋友想到的是超导性、电荷密度波和自旋密度波、重费米子、孤立子、非线性光学现象以及各种各样的铁磁性，而这些我都未曾提及。对他来说，"所有的东西"都是他所感兴趣并且充满新奇的东西。而我在这本书里所说的是新东西"不多"，这显得有点夸张。虽然有一些有趣的、新颖的关于离域化作用和高分散能带形成的结果，但即使是这些结果，它们也能够用轨道相互作用的语言来进行分析。

如果说事实是在这两种情况之间，我想大家也都不会感到意外。总的来说，事实是我确实省略了大多数固体物理性质的来源，尤其是超导性和铁磁性，它们是这种物态所特有的。如果化学家想要弄清楚这些观察到的现象，那么他们必须学习的关于固体物理的知识将远不止我在这里所讲授的。而如果他们想要进行理性的合成，那么就必须要弄清楚这些现象。

在这本书以及与本书内容相关的已经发表的文章中我想尽力去做好的就是能同时在两个研究方向上进行以下的研究。首先，通过将简单的能带结构理论引入到关于表面研究的化学思考中，从而在化学和物理学间建立联系。此外，我还尝试从一个完全化学的角度来解释离域能带结构，即通过以相互作用图为基础的前线轨道理论来进行解释。

最后要说的是，在扩展体系中对电子结构的处理相对于离散分子的处理没有变得更加复杂（也没有变得更加简单）。这里所提倡的用于连接定域化学行为的桥梁便是 DOS 图的分解和晶体轨道重叠布居曲线图（COOP）。这些都涉及了一些基本问题：电子在哪里？我们能在哪里找到键？

通过这些研究工具，我们可以构筑表面反应的相互作用图，正如我们在离散分子研究中所做的那样。我们也可以通过固体的亚晶格来建立复杂三维固体体系的电子结构。可以发现，在分子和扩展结构中存在很多相似之处，正如扩展的离域化作用所带来的一些新的效应一样。

  我已经将讨论都聚焦在了一个"最化学"的概念上,即固体是一个
分子,当然,是很大的一个分子,但它也仅仅是一个分子。我们试着从
Bloch 函数必定离域化的图像中提取其化学精髓,也就是那些决定这
种大分子结构和反应活性的键。而键就在固体的原子间(The bonds
must be there)。

参考文献

1. There is no single, comprehensive textbook of solid state chemistry. Perhaps this reflects the diversity of the field and the way it has grown from many different subdisciplines of chemistry, physics, and engineering. Among the books I would recommend are:
(a) Wells, A. F., " Structural Inorganic Chemistry," 5th ed. Oxford University Press, Oxford, 1984.
(b) Krebs, M. "Fundamentals of Inorganic Crystal Chemistry," McGraw-Hill, 1968.
(c) West, A. R. "Solid State Chemistry and its Applications," John Wiley and Sons, New York, 1984.
(d) O'Keeffe, M.; Navrotsky, A. (eds.). "Structure and Bonding in Crystals," Vols. 1 and 2, Academic Press, New York, 1981.
(e) Cox, P. A. " The Electronic Structure and Chemistry of Solids," Oxford University Press, Oxford, 1981.

2. For a highly readable introduction to surface chemistry, see Somorjai, G. A. "Chemistry in Two Dimensions: Surfaces," Cornell University Press, Ithaca, 1981. See also Rhodin, T. N., Ertl, G. (eds.). "The Nature of the Surface Chemical Bond," North-Holland, Amsterdam, 1979.

3. (a) Zintl, E.; Woltersdorf, G. Z. Elektrochem., 1935, 41, 876; Zintl, E.; Angew. Chem. 1, 52 (1939).
(b) Klemm, W.; Busmann, E. Z. Anorg. Allgern. Chem. 1963, 319, 297; (1963). Klemm, W. Proc. Chem. Soc. London 329 (1958).
(c) Schäfer, H.; Eisenmann, B.; Müller, W. Angew. Chem. 85, 742 (1973). Angew Chem. Int. Ed. 12, 694 (1973).

(d)Schäfer, H. Ann. Rev. Mater. Sci. 15, 1 (1985)and references therein.

4. Hoffmann, R. J. Chem.Phys. 39,1397 (1963). Hoffmann, R.; Lipscomb, W. N. ibid. 36, 2179 (1962).37,2872 (1982). The extended Huckel method was devised in the exciting atmosphere of the Lipscomb laboratory; L. L. Lohr played an essential part in its formulation. The first Cornell implementation to an extended material was made by M.-H. Whangbo [Whangbo, M.-H.; Hoffmann, R. J. Am. Chem. Soc. 100, 6093 (1978). Whangbo, M.-H.; Hoffmann, R.; Woodward, R. B. Proc. Roy. Soc. A366, 23 (1979).]

5. (a)Burdett, J. K. Nature 279, 121 (1979).
   (b)Burdett, J. K. in Ref. 1d.
   (c)Burdett, J. K. Accts. Chem.Res. 15, 34 (1982)and references therein.
   (d)Burdett, J. K. Accts. Chem.Res. 21,189 (1988).

6. Burdett, J. K. Progr. Sol. St. Chem. 15, 173 (1984).

7. Whangbo, M.-H. in " Extended Linear Chain Compounds," Miller, J. S. (ed.), Plenum Press, New York, 1982, p. 127.

8. Whangbo, M.-H. in " Crystal Chemistry and Properties of Materials with Quasi-One Dimensional Structures," Rouxel, J. (ed.), Reidel, Dordrecht, 1986, p. 27.

9. The modern classic solid state physics text is by Ashcroft, N.W. and Mermin,N.D."Solid State Physics," Holt, Rinehart and Winston, New York, 1976. Three other introductions to the field, ones that I think are pedagogically effective and accessible to chemists, are: Harrison, W. A. "Solid State Theory," Dover, New York, 1980. Harrison, W. A.; "Electronic Structure and the Properties of Solids," W. H. Freeman, San Francisco, 1980; Altman, S. L. "Band Theory of Metals," Pergamon Press, New York, 1970.

10. Excellent introductions to this subject, written in the spirit of this book, and with a chemical audience in mind, are to be found in Refs. 6 and 8, in the book by P. A. Cox in Ref. 1, and in the

article by Kertesz, M.Int. Rev. Phys. Chem. 4, 125 (1985).

11. Albright, T.A.; Burdett, J. K., Whangbo, M. H. "Orbital Interactions in Chemistry," Wiley-Interscience, New York, 1985, Chap. 20.

12. For a review of this fascinating class of materials see Williams, J. R.Adv. Inorg. Chem. Radiochem. 26, 235 (1983). Related to these molecules are the "platinum blues", in which one finds oxidized Pt (Ⅱ) oligomers. For a leading reference, see: O' Halloran, T. V.; Mascharak, P. K.; Williams, I. D.; Roberts, M. M.; Lippard, S. J. Inorg. Chem. 26, 1261 (1987).

13. Cotton, F. A.; Walton, R. A. "Multiple Bonds Between Metal Atoms," John Wiley and Sons, New York, 1982 and references therein.

14. For more information on the platinocyanides, see Refs. 7, 8, and 12.

15. For this task, and for band structure calculation in general, a chemist needs to learn group theory in the solid state. For a lucid introduction, see Tinkham, M. J.: "Group Theory and Quantum Mechanics," McGraw-Hill, New York, 1964; Burns, G.; Glazer, A. M. "Space Groups for Solid State Scientists," Academic Press, New York, 1978; Madelung, O. "Introduction to Solid State Theory," Springer Verlag, Berlin, 1978.

16. Tremel, W.; Hoffmann, R. J. Am. Chem. Soc. 109, 124 (1987); Inorg. Chem. 26,118 (1987); Keszler, D.; Hoffmann, R. J. Am. Chem. Soc., 109, 118 (1987).

17. Zonnevylle, M. C.; Hoffmann, R. Langmuir 3,452 (1987).

18. Trinquier, G.; Hoffmann, R.J. Phys. Chem. 88, 6696 (1984).

19. Li, J.; Hoffmann, R.Z.Naturforsch 41b, 1399 (1986).

20. The following references are just ways in to the vast literature of reconstruction: Kleinle, G.; Penka, V.; Behm, R.J.; Ertl, G.; Moritz, W.Phys. Rev. Lett., 58, 148 (1987); Daum, W.; Lehwald, S.; Ibach, H. Surf. Sci. 178, 528 (1986); Van Hove, M. A.; Koestner, R. J.; Stair, P. C.; Biberian,J. P.; Kesmodel, L.

L.; Bartos, I.; Somorjai, G. A. Surf. Sci. 103, 189 (1981); Inglesfield, J. E.; Progr. Surf. Sci. 20, 105 (1985); King, D. A. Phys. Scripta 4, 34 (1983); Chan, C.-M.; Van Hove, M. A. Surf. Sci. 171,226 (1986); Christmann, K. Z. Phys. Chem. 154, 145 (1987).

21. (a) Wade, K. Chem. Commun. 792 (1971); Inorg. Nucl. Lett., 8, 559 (1972); "Electron Deficient Compounds," Nelson, London, 1971.

    (b) Mingos, D. M. P. Nature 236, 99 (1972).

22. It should be clear that this is just one possible methodology. Many other theoretical chemists and physicists prefer a cluster approach, i. e., a finite group of metal atoms and single adsorbate. The local chemical action is then emphasized, though one has to worry about how the cluster is terminated, or what the end effects are. More recently, people have begun to consider embeddings of clusters in extended structures.

23. For more on the electronic structure of rutile and related compounds, see Burdett, J. K.; Hughbanks, T. Inorg. Chem. 24, 1741 (1985); Burdett, J. K. Inorg. Chem. 24, 2244 (1985); Mattheiss, L. F. Phys. Rev., B13, 2433 (1976).

24. Some leading references to early band structure calculations are the following:

    (a) Mattheiss, L. F. Phys. Rev. Lett. 58, 1028 (1987).

    (b) Yu, J. J.; Freeman, A. J.; Xu, J.-H. Phys. Rev. Lett., 58, 1035 (1987); Massidda, S.; Yu, J.; Freeman, A. J.; Koelling, D. D. Phys. Lett. A122, 198 (1987).

    (c) Whangbo, M.-H.; Evain, M.; Beno, M. A.; Williams, J. M. Inorg. Chem. 26, 1829 (1987); ibid., 26, 1831 (1987); Whangbo, M.-H.; Evain, M.; Beno, M. A.; Geiser, U.; Williams, J. M., ibid., 26, 2566 (1987).

    (d) Fujiwara, R.; Hatsugai, Y. Jap. J. Appl. Phys. 26, L716 (1987).

25. Goodenough, J. B. " Magnetism and the Chemical Bond,"

Krieger，New York，1976.

26. Mulliken，R. S. J. Chem. Phys. 23，1833，2343 (1955).

27. For further details see Sung，S.；Hoffmann，R.J.Am. Chem Soc. 107，578 (1985).

28. (a)For discussion of other calculations of CO on Ni surfaces，see Kasowski，R. V.；Rhodin，T.；Tsai，M.-H.Appl. Phys. A41，61 (1986)and references therein.

    (b)Avouris，Ph.；Bagus，P. S.；Nelin，C. J.J. Electron. Spectr. Rel. Phen. 38，269 (1986)stressed the importance of this phenomenon. We disagree on its magnitude，in that we find $p_{x,y}$ mixing into the main $2\pi^*$ density at -7 eV small. The COOP curve，to be shown later in Fig. 24[*]，indicates that the density in this peak is Ni-C antibonding.

29. For further details，see Silvestre，J.；Hoffmann，R.Langmuir 1， 621 (1985).

30. See Saillard，J.-Y.；Hoffmann，R. J.Am. Chem. Soc. 106，2006 (1984)for further details.

31. (a)Shustorovich，E. J.Phys. Chem. 87，14 (1983).

    (b)Shustorovich，E.Surf. Sci. Rep. 6，1 (1986).

32. Shustorovich，E.；Baetzold，R. C. Science 227，876 (1985).

33. There is actually some disagreement in the literature on the relative role of C-H and H-H σ and σ^* levels in interactions with metal surfaces. A. B. Anderson finds σ donation playing the major role. See，for example，Anderson，A. B. J. Am. Chem. Soc. 99，696 (1977)and subsequent papers.

34. COOP was introduced for extended systems in papers by
    (a)Hughbanks，R.；Hoffmann，R. J.Am. Chem. Soc. 105，3528 (1983).

    (b) Wijeyesekera，S. D.；Hoffmann，R. Organometal. 3，949 (1984).

    (c) Kertesz，M.；Hoffmann，R. J. Am. Chem. Soc. 106，3453 (1984).

    (d)An analogous index in the Hückel model，a bond order density, was introduced earlier by van Doorn, W.; Koutecký, J. Int. J. Quantum Chem. 12, Suppl. 2,13 (1977).

35. This is from an extended Hückel calculation (Ref. 30). For better estimates, see Ref. 40.

36. For some references to this story, see note 5 in Ref. 29. An important early LEED analysis here was by Kesmodel, L. L.; Dubois, L. H.; Somorjai, G. A. J.Chem. Phys. 70,2180 (1979).

37. Pearson, W. B. J.Sol. State Chem. 56,278 (1985)and references therein.

38. Mewis, A. Z. Naturforsch. 35b, 141 (1980).

39. (a)Zheng, C.; Hoffmann, R. J.Phys. Chem. 89,4175 (1985).
(b)Zheng, C.; Hoffmann, R. Z. Naturforsch. 41b, 292 (1986).
(c) Zheng, C.; Hoffmann, R. J. Am. Chem. Soc. 108,3078 (1986).

40. Andersen, O. K. in "The Electronic Structure of Complex Systems," Phariseau, P.; Temmerman, W. M. (ed.), Plenum Press, New York, 1984; Andersen, O. K. in "Highlights of Condensed Matter Physics," Bassani, F.; Fumi, F.; Tossi, M. P. (eds.), North-Holland, New York, 1985. See also Varma, C. M.; Wilson, A. J.Phys. Rev. B22, 3795 (1980).

41. (a) The frontier orbital concept is a torrent into which flowed many streams. The ideas of Fukui were a crucial early contribution (the relevant papers are cited by Fukui, K. Science 218,747 (1982) as was the perturbation theory based PMO approach of Dewar (see Dewar, M. J. S. "The Molecular Orbital Theory of Organic Chemistry," McGraw-Hill, New York, 1969 for the original references). The work of Salem was important (see Jorgensen, W. L., Salem, L. "The Organic Chemist's Book of Orbitals," Academic Press, New York, 1973, for references and a model portrayal, in the discussion preceding the drawings, of the way of thinking that my coworkers and I also espoused). The Albright, Burdett, and Whangbo text (Ref. 11)carries through this philosophy for inorganic systems and is also an excellent source

of references.

(b)For surfaces, the frontier orbital approach is really there in the pioneering work of Blyholder, G.,J. Phys. Chem. 68, 2772 (1964). In our work in the surface field, we first used this way of thinking in Ref. 30, a side-by-side analysis of molecular and surface H-H and C-H activation.

42. Murrell, J. N.; Randić, M.; Williams, D. R. Proc. Roy. Soc. A284, 566 (1965); Devaquet, A.; Salem, L. J.Am. Chem. Soc. 91, 379 (1969); Fukui, K.; Fujimoto, H. Bull Chem. Soc. Jpn. 41,1984 (1968); Baba, M.; Suzuki, S.; Takemura, T. J.Chem. Phys. 50, 2078 (1969); Whangbo, M.-H.; Wolfe, S. Can. J. Chem. 54, 949 (1976); Morokuma, K. J. Chem. Phys. 55, 1236 (1971)is a sampling of these.

43. See, for instance, Kang, A. B.; Anderson, A. B.Surf. Sci. 155, 639 (1985).

44. (a)Gadzuk, J. W.,Surf. Sci. 43, 44 (1974).

(b) See also Varma, C. M.; Wilson, A. J. Phys. Rev. B. 22, 3795 (1980); Wilson, A. J.; Varma, C. M. Phys. Rev. B. 22, 3805 (1980); Andreoni, W.; Varma, C. M. Phys. Rev. B. 23, 437 (1981).

45. Grimley, T. B. J.Vac. Sci Technol. 8, 31 (1971); in Ricca, F. (ed.). "Adsorption-Desorption Phenomena," Academic Press, New York, 1972, p. 215 and subsequent papers. See also Thorpe, B. J. Surf. Sci. 33, 306 (1972).

46. (a)van Santen, R. A. Proc. 8th Congr. Catal., Springer-Verlag, Berlin, 1984, Vol. 4, p.97; J. Chem. Soc. Far. Trans. 83, 1915 (1987).

(b)LaFemina, J. P.; Lowe, J. P.J. Am. Chem. Soc. 108,2527 (1986).

(c) Fujimoto, M. Accts. Chem. Res. 20,448 (1987); J. Phys. Chem. 41, 3555 (1987).

47. Salem, L.; Leforestier, C.Surf. Sci. 82, 390 (1979); Salem, L.; Elliot, R. J. Mol. Struct. Theochem. 93, 75 (1983); Salem, L.

J.Phys. Chem 89, 5576 (1985); Salem, L.; Lefebvre, R. Chem. Phys. Lett. 122, 342 (1985).

48. (a)Banholzer, W. F.; Park, Y. O.; Mak, K. M.; Masel, R. I. Surf. Sci. 128, 176 (1983); Masel, R. I., to be published.

49. See Elian, M.; Hoffmann, R.Inorg. Chem. 14, 1058 (1975).

50. The effect mentioned here has also been noted by Raatz, R.; Salahub, D. R.Surf. Sci. 146, L609 (1984); Salahub, D. R.; Raatz, F. Int. J. Quantum Chem. Symp. No. 18, 173 (1984); Andzelm, J.; Salahub, D. R. Int. J. Quantum Chem. 29, 1091 (1986).

51. Dewar, M. J. S.Bull Soc. Chim. Fr. 18, C71 (1951); Chatt. J.; Duncanson, L. A. J. Chem. Soc. 2939 (1953).

52. (a)Muetterties, E. L.Chem. Soc. Revs. 11, 283 (1982); Angew. Chem. Int. Ed. Engl. 17, 545 (1978); Muetterries, E. L.; Rhodin, T. N. Chem. Revs. 79, 91 (1979).
    (b)Albert, M. R.; Yates,J. T. Jr. "The Surface Scientist's Guide to Organometallic Chemistry," American Chemical Society, Washington, 1987.

53. Garfunkel, E. L.; Minot, C.; Gavezzotti, A.; Simonetta, M. Surf. Sci. 167, 177 (1986); Garfunkel, E. L.; Feng, X. Surf. Sci. 176,445 (1986); Minot, C.; Bigot, B.; Hariti, A. Nouv. J. Chim. 10,461 (1986). See also Ref. 50 and Shustorovich, E. M. Surf. Sci. 150, L115 (1985).

54. Tang, S. L.; Lee, M. B.; Beckerle, J. D.; Hines, M. A.; Ceyer, S. T. J.Chem. Phys. 82, 2826 (1985); Tang, S. L.; Beckerle, J. D.; Lee, M. B.; Ceyer, S. T. ibid., 84, 6488 (1986). See also Lo, T.-C.; Ehrlich, B. Surf. Sci. 179, L19 (1987); Steinruck, H.-P.; Hamza, A. V.; Madix, R. J. Surf. Sci. 173, L571 (1986); Hamza, A. V.; Steinruck, H.-P.; Madix, R.J. J. Chem. Phys. 86,6506 (1987)and references in these.

55. Several such minima have been computed in the interaction of atomic and molecular adsorbates with Ni clusters: P. E. M. Siegbahn, private communication.

56. (a)Kang and Anderson in Ref. 43 and papers cited there.

   (b)Harris, J.; Andersson, S. Phys. Rev. Lett. 55, 1583 (1985).

57. Mango, F. D.; Schachtschneider, J. H. J. Am. Chem. Soc. 89. 2848 (1967); Mango, F. D. Coord. Chem. Revs. 15, 109 (1978).

58. Hoffmann, R. in "IUPAC: Frontiers of Chemistry," Laidler, K. J. (ed.), Pergamon Press, Oxford, 1982; Tatsumi, K.; Hoffmann, R.; Yamamoto, A.; Stille, J. K. Bull. Chem. Soc. Jpn. 54, 1857 (1981)and references therein.

59. See Ref. 29 for detailed discussion of this phenomenon.

60. Anderson, A. B.; Mehandru, S. P.Surf. Sci. 136,398 (1984); Kang, D. B.; Anderson, A. B. ibid. 165, 221 (1986).

61. For a review, see Chevrel, R. in "Superconductor Materials Science: Metallurgy, Fabrication, and Applications," Foner, S.; Schwartz, B. B. (eds.), Plenum Press, New York, 1981, Chap. 10.

62. Lin, J.-H.; Burdett, J. K.Inorg. Chem. 5, 21 (1982).

63. (a)Hughbanks, T.; Hoffmann. R. J. Am. Chem. Soc. 105, 1150 (1983).

   (b) Such a synthesis, by a different route, has recently been achieved: Saito, T.; Yamamoto, N.: Yamagata, T.; Imoto, M. J. Am. Chem. Soc. 110,1646 (1988).

64. See also Andersen, O. K.; Klose, W.; Nohl, H.Phys. Rev. B17, 1760 (1977); Nohl. H.; Klose, W.; Andersen, O. K. in "Superconductivity in Ternary Compounds," Fisher, Ø.; Maple, M. B. (eds.), Springer-Verlag, New York, 1981, Chap. 6; Bullett, D. W. Phys. Rev. Lett. 44, 178 (1980).

65. See Ref. 39c and papers cited therein.

66. This drawing is taken from Ref. 11. Excellent descriptions of the folding-back process and its importance are to be found in Refs. 6 and 8.

67. The original reference is Jahn, H. A.; Teller, E. Proc. Roy. Soc. A161, 220 (1937). A discussion of the utility of this theorem in deriving molecular geometries is given by Burdett,J. K. "Molecu-

lar Shapes," John Wiley, New York, 1960; Burdett,J. K. Inorg. Chem. 20, 1959 (1981) and references cited therein. See also Refs. 6,8 and Pearson, R. G. "Symmetry Rules for Chemical Reactions," John Wiley and Sons, New York, 1976. The first application of the Jahn-Teller argument to stereochemical problems and, incidentally, to condensed phases was made by Dunitz, J. D.; Orgel, L. E. J. Phys. Chem. Sol. 20, 318 (1957); Adv. Inorg. Chem. Radiochem. 2, 1 (1960); Orgel, L. E.; Dunitz, J. D. Nature 179, 462 (1957).

68. Peierls, R. E. "Quantum Theory of Solids," Oxford University Press, Oxford, 1972.

69. Longuet-Higgins, H. C.; Salem, L. Proc. Roy. Soc. A251, 172 (1959).

70. For leading references, see the review by Kertesz, M. Adv. Quant. Chem. 15, 161 (1982).

71. Pearson, W. B. Z. Kristallogr. 171, 23 (1985) and references therein.

72. Hulliger, F.; Schmelczer, R.; Schwarzenbach, D. J. Sol. State Chem. 21, 371 (1977).

73. Schmelczer, R.; Schwarzenbach, D.; Hulliger, F. Z. Naturforsch. 36b, 463 (1981)and references therein.

74. (a)Burdett, J. K.; Haaland, P.; McLarnan, T.J. J. Chem. Phys. 75,5774 (1981).
(b)Burdett, J. K.; Lee, S. J. Am. Chem. Soc. 105, 1079 (1983).
(c)Burdett, J. K.; McLarnan, T. J. J. Chem. Phys. 75, 5764 (1981).
(d) Littlewood, P. B. CRC Critical Reviews in Sol. State and Mat. Sci. 11, 229 (1984).

75. Tremel, W.; Hoffmann, R. J. Am. Chem. Soc. 108, 5174 (1986)and references cited therein; Silvestre, J.; Tremel, W.; Hoffmann, R. J. Less Common Met. 116, 113 (1986).

76. Franzen, H. F.; Burger, T.J. J. Chem.Phys. 49, 2268 (1968); Franzen, H. F.; Wiegers, G. A. J. Sol. State Chem., 13, 114

(1975).

77. See Ref. 75 and Kertesz, M.; Hoffmann, R. J. Am. Chem. Soc. 106, 3453 (1984).

78. Zheng, C.; Apeloig,Y.; Hoffmann, R. J. Am. Chem. Soc. 110, 749 (1988).

79. Brodén, G.; Rhodin, T. N.; Brucker, C.; Benbow, H.; Hurych, Z. Surf. Sci. 59, 593 (1976); Engel, T.; Ertl, G. Adv. Catal. 28, 1 (1979).

80. Shinn, N. D.; Madey, R. E. Phys. Rev. Lett. 53, 2481 (1984);J. Chem.Phys.83, 5928 (1985); Phys. Rev. B33, 1464 (1986); Benndorf, C.; Kruger, B.; Thieme, F. Surf. Sci. 163, L675 (1985). On Pt$_3$Ti a similar assignment has been made: Bardi, U.; Dahlgren, D.; Ross, H. J.Catal. 100, 196 (1986). Also for CN on Cu and Pd surfaces: Kordesch, M. E.; Stenzel, W.; Conrad, H. J.Electr. Spectr. Rel. Phen. 38,89 (1986); Somers, J.; Kordesch, M. E.; Lindner, Th.; Conrad, H.; Bradshaw, A. M.; Williams, G. P. Surf. Sci. 188, L693 (1987).

81. Mehandru, S. P.; Anderson, A. B. Surf. Sci. 169, L281 (1986); Mehandru, S. P.; Anderson, A. B.; Ross, P. N. J. Catal. 100, 210 (1986).

82. For a recent review, see Anderson, R. B. "The Fischer-Tropsch Synthesis," Academic Press, New York, 1984.

83. (a) See, however, Baetzold, R. J. Am. Chem. Soc. 105,4271 (1983)and Wittrig, T. S.; Szoromi, P. D.; Weinberg, W. M. J. Chem. Phys. 76,3305 (1982).

(b) See also Lichtenberger, D. L.; Kellogg, G. E. Accounts Chem. Res. 20, 379 (1979)and Wilker, C. N.; Hoffmann, R.; Eisenstein, O. Nouv. J. Chim. 7, 535 (1983).

(c)Siegbahn, P. E. M.; Blomberg, M. R. A.; Bauschlicher, C. W.Jr. J Chem.Phys. 81, 2103 (1984); Upton, T. H. J. Am. Chem. Soc. 106, 1561 (1984).

(d)Feibelman, P. J.; Hamann, D. R. Surf. Sci. 149,48 (1985).

84. Reviews of some of the theoretical work on surfaces may be

found in Gavezzotti, A.; Simonetta, M. Adv. Quantum Chem. 12, 103 (1980); Messmer, R. P. in "Semiempirical Methods in Electronic Structure Calculations, Prt B: Applications," Segal, G. A. (ed.), Plenum Press, New York, 1977; Koutecky, J.; Fantucci, P. Chem. Revs., 86, 539 (1986); Cohen, M. L. Ann. Rev. Phys. Chem. 34, 537 (1984).

85. Lundqvist, B. I. Chemica Scripta 26, 423 (1986); Vacuum, 33, 639 (1983); in "Many-Body Phenomena at Surfaces," Langreth, D. C.; Suhl, H. (eds.), Academic Press, New York, 1984, p. 93; Lang, N. D.; Williams, A. R. Phys. Rev. Lett. 37, 212 (1976); Phys. Rev. B18, 616 (1978); Lang, N. D.; Nørskov, J. K. in "Proceedings 8th International Congress on Catalysis," Berlin, 1984, Vol. 4, p. 85; Nørskov, J. K.; Lang, N. D. Phys. Rev., B21, 2136 (1980); Lang, N. D. in "Theory of the Inhomogeneous Electron Gas," Lundqvist, S.; March, N. H. (eds.), Plenum Press, New York, 1983; Hjelmberg, H.; Lundqvist, B. I.; Nørskov, J. K. Physica Scripta 20, 192 (1979).

86. Kohn, W.; Sham, L. J. Phys. Rev. 140, A1133 (1965).

87. Nørskov, J. K.; Houmøller, A.; Johansson, P. K.; Lundqvist, B. I. Phys. Rev. Lett. 46, 257 (1981); Lundqvist, B. I.; Nørskov, J. K.; Hjelmberg, H. Surf. Sci. 80, 441 (1979); Nørskov, J. K.; Holloway, S.; Lang, N. D. Surf. Sci. 137, 65 (1984).

88. Figure 18 is for a perpendicular H_2 approach. We should really compare a parallel one to the Mg case, and the features of that parallel approach, while not given here, resemble Fig. 18.

89. See, for instance, Refs. 43, 60, and 81.

90. Shustorovich, E. Surf. Sci. Rep. 6, 1 (1986) and references therein; Shustorovich, E.; Baetzold, R. C. Science 227, 876 (1985); Baetzold, R. in "Catalysis," Moffat, J. (ed.), Hutchinson-Ross, 1988.

91. Minot, C.; Bigot, B.; Hariti, A. Nouv. J. Chim. 10, 461 (1986); J. Am. Chem. Soc. 108, 196 (1986); Minot, C.; Van Hove, M. A.; Somorjai, G. A. Surf. Sci. 127, 441 (1983); Bigot, B.; Mi-

not，C. J. Am. Chem. Soc.106，6601 (1984)and subsequent refe
rences.

92. For references，see Wijeyesekera，S. D.；Hoffmann，R. Inor.
Chem. 22，3287 (1983).

93. Bronger，W. Angew. Chem. 93，12 (1981)；Angew. Chem. Int.
Ed. Engl. 20，52 (1981).

94. Silvestre，J.；Hoffmann，R. Inorg. Chem. 24，4108 (1985).

索　引